中国古典数学史话

郭书春 著

大连理工大学出版社
Dalian University of Technology Press

图书在版编目(CIP)数据

中国古典数学史话 / 郭书春著. -- 大连 ：大连理工大学出版社，2024.12
ISBN 978-7-5685-4803-8

Ⅰ. ①中… Ⅱ. ①郭… Ⅲ. ①古典数学－历史－中国 Ⅳ. ①O112

中国国家版本馆 CIP 数据核字(2024)第 011072 号

中国古典数学史话 ZHONGGUO GUDIAN SHUXUE SHIHUA

责任编辑：周　欢
责任校对：李宏艳
封面设计：顾　娜

出版发行：大连理工大学出版社
（地址：大连市软件园路 80 号，邮编：116023）
电　　话：0411-84708842（营销中心）
0411-84706041（邮购及零售）
邮　　箱：dutp@dutp.cn
网　　址：https://www.dutp.cn

印　　刷：大连图腾彩色印刷有限公司
幅面尺寸：185mm×260mm
印　　张：12.75
字　　数：256 千字
版　　次：2024 年 12 月第 1 版
印　　次：2024 年 12 月第 1 次印刷
书　　号：ISBN 978-7-5685-4803-8
定　　价：69.00 元

本书如有印装质量问题，请与我社营销中心联系更换。

前　言

数学是中国古代最为发达的基础科学学科之一，从公元前二三世纪到 14 世纪初居于世界数学发展的前列，是当时世界数学发展的主流。

中国古典数学的发展大体可以分成原始社会至西周中国数学的兴起，春秋至东汉中期中国古典数学框架的确立，东汉末至唐中叶中国古典数学理论体系的完成，唐中叶至元中叶中国筹算数学的高潮，元中叶至明末古典数学的衰落与珠算的发展，明末至清末西方数学的传入与中西数学的融会等几个阶段。本书着重介绍前四个阶段。

中国古典数学有自己明显的特点。

第一，与古希腊将数学看成思辨的产物不同，中国古典数学注重数学理论密切联系实际。《汉书・律历志》说数学"所以算数事物，顺性命之理也"，但是宋元之前的数学家几乎都不关心"性命之理"方面。他们在研究数学问题的时候，自觉不自觉地贯彻了实事求是的思想路线，正如南宋大数学家秦九韶所说："数术之传，以实为体。"因此，人们认为数学是艰深的学问，但又认为不是不可以研究的，正如金元大数学家李冶所说："谓数为难穷，斯可；谓数为不可穷，斯不可。"

第二，中国古典数学以计算为中心。三国时代魏国数学家刘徽说，数学"其能穷纤入微，探测无方。至于以法相传，亦犹规矩度量可得而共"，道出了中国古典数学中数与形相结合，几何与算术、代数问题相统一的特点。而中国传统算法大都有强烈的程序化和机械化特点。

第三，汉唐时期一般将数学方法称为"术"，宋元时期往往称为"法"或"算法"。"术"或"法""算法"，正如春秋战国数学家陈子所概括的，是"言约而用博"，因此学习数学要能"通类"，做到"问一类而以万事达"。这类抽象性"术""法"或"算法"表明中国古典数学有相当的理论概括。这是中国古典数学理论研究的一个重要方面。

第四,位值制在中国古典数学中有特殊的作用。位值制的思想不仅体现在记数与数学表达式中,而且贯穿于求解过程中。这大大方便了计算。

数学著作是中国古典数学成就的载体。清末以前到底产生过多少数学著作,不得而知。但是,西汉至明初之前的著作,绝大多数都亡佚了。此时中国古典数学尽管居于世界数学的先进行列,但存世的著作仅 20 余部。因此,我们所知道的数学著作,实际上只是中国数学发展史上的几个点,那时数学界认为是常识的内容,我们可能会感到莫名其妙。如秦九韶的“遥度圆城问”列出 10 次方程的方法,他仅以“以勾股差率求之”提示,说明在这之前肯定有一部已亡佚的重要数学著作将《九章算术》和刘徽注中已知弦和勾股差求勾、股的公式发展为以勾股差率表示的勾股数组通解公式。朱世杰《四元玉鉴》所反映的宋元重大数学成就之一垛积术和招差术,其实只是引用,而不是阐发,说明它们也不是朱世杰的首创。如何将历史上这些残存的点连成线,正是数学史研究工作的任务。

许多著述将中国古典数学著作统统称为应用问题集,并且说都是“一题、一答、一术”,甚至还嫌不够,再加上“概莫能外”四个字。这种概括其实是不符合实际情况的。实际上,中国古典数学著作的形式有不同的分野,不能一概而论。《九章算术》和秦汉数学简牍等著作的主体部分是以术文为中心,采取术文统率例题的形式,术文是一类数学问题的普适性、抽象性的算法,也就是陈子说的“类以合类”,而不是“一题、一答、一术”。有一部分著作,如《孙子算经》等,确实采用应用问题集的形式。此外,就数学内容的高深程度、抽象程度、严谨性、有无数学推理和证明等几个方面看,中国古典数学著作也都有不同的分野。

中国古典数学著作的分野,特别是刘徽等数学家的数学证明等表明,中国古代存在着纯数学研究,也就是为数学而数学的活动。一个明显的事实是:就实际应用而言,《九章算术》和许多数学著作提出的公式、算法,只要能够无数次的应用,并且在应用中表明它们正确就够了,不在数学上证明之,根本不会影响它们的应用。刘徽的《九章算术注》对《九章算术》的公式、算法进行了全面而且基本上是严谨的证明,并在证明中追求逻辑的正确、推理的明晰,这显然是纯数学的活动。对计算中精确度的追求,比如,刘徽对开方不尽时提出求“微数”的思想,以十进分数逼近无理根,刘徽、祖冲之先后将圆周率精确到 3 位、5 位甚至 8 位有效数字,都不是人们的实际需要,而是纯数学活动,是数学发展的需要。

中国古典数学在 20 世纪初中断,中国数学开始融入世界统一的现代数学,是历史的进步。但是在中小学数学教材全盘西化的同时,将中国古典数学的优秀部分也丢掉了。实际上,中国古典数学的思想和方法对当前数学教学与数学研究仍有启迪作用。位于著名的王屋山脚下的河南济源市五龙口小学运用《九章算术》和刘徽"率"的理论与珠算方法,改革小学数学教材,取得了良好的效果,使一个偏僻落后的山区小学,变成了闻名豫晋两省、数县市的名校。吴文俊受到中国古典数学的构造性和机械化特征的启发,开创了数学机械化和机器证明的理论,登上了世界数学的高峰。

本书原名《中国传统数学史话》,是中国国际广播出版社的约稿,并于2012年出版。该书脱销后,出版社要再版。笔者作了修订,于2019年交出版社。谁知因出版社内部调整,未能付梓。蒙大连理工大学出版社不弃,表示愿意出版,笔者又作了增补,定名为《中国古典数学史话》,以飨读者,欢迎批评指正。

著者

2024年10月

目 录

第一章　中国数学的兴起——原始社会至西周的数学 / 1

第一节　图形观念的形成与规矩准绳 / 2

第二节　十进位值制记数法的形成与算筹的创造 / 3

一、数概念的产生与结绳、书契、陶文数字 / 3

二、甲骨文数字与十进位值制记数法的形成 / 4

三、计算工具——算筹 / 5

第三节　商与西周的数学 / 7

一、九九表与整数乘除法则 / 7

二、商高答周公问及用矩之道 / 8

三、陈起的重数思想 / 8

四、数学形成一门学科 / 9

第二章　中国古典数学框架的确立——春秋至东汉中期的数学 / 10

第一节　数学家与数学经典 / 11

一、诸子百家与数学 / 11

二、战国秦汉数学简牍 / 11

三、《周髀算经》和陈子 / 16

四、《九章算术》和张苍、耿寿昌 / 17

第二节　分数、今有术与盈不足术 / 20

一、分数及其四则运算法则 / 20

二、今有术与衰分术、均输术 / 22

三、盈不足术 / 24

第三节　面积、体积、勾股与测望 / 26

一、面积 / 26

二、体积 / 29

三、勾股定理、解勾股形与勾股数组 / 36

四、勾股容方、勾股容圆 / 40

第四节　开方术、正负术、方程术与数列 / 41

一、开方术 / 41

二、正负术 / 46

三、方程术 / 48

四、等差数列 / 54

第三章　中国古典数学理论体系的完成——东汉末至唐中叶的数学 / 56

第一节　东汉末至唐中叶数学概论 / 57

一、魏晋数学的发展与辩难之风 / 57

二、刘洪、徐岳与《数术记遗》/ 57

三、赵爽与《周髀算经注》/ 59

四、刘徽与《九章算术注》《海岛算经》/ 59

五、南北朝的数学著作和数学家 / 62

六、隋至唐中叶的数学著作和数学家 / 66

第二节　算之纲纪——率与齐同原理 / 70

一、率的定义和性质 / 70

二、今有术的推广与齐同原理 / 72

第三节　勾股和重差 / 78

一、对勾股定理与解勾股形诸公式的证明 / 78

二、重差术 / 84

三、《数术记遗注》的测望问题 / 87

第四节　开方术、方程术的改进、不定问题 / 89

一、开方术的几何解释和改进 / 89

二、方程术的进展 / 92

三、不定问题 / 94

四、等差数列 / 96
五、二次内插法 / 97
第五节 无穷小分割和极限思想 / 97
一、割圆术 / 97
二、刘徽原理 / 99
三、圆体体积与祖暅之原理 / 101
四、极限思想在近似计算中的应用——以圆周率为例 / 105
五、刘徽的面积推导系统 / 109
六、刘徽的体积推导系统 / 111
七、刘徽的极限思想在数学史上的地位 / 119
第六节 刘徽的逻辑思想和数学理论体系 / 120
一、刘徽的定义 / 121
二、刘徽的演绎推理 / 121
三、数学证明 / 125
四、刘徽的数学理论体系 / 126

第四章 中国古典筹算数学的高潮——唐中叶至元中叶的数学 / 130

第一节 唐中叶至元中叶数学概论 / 131
一、古典数学的高潮与唐中叶开始的社会变革 / 131
二、赝本《夏侯阳算经》/ 134
三、贾宪和《黄帝九章算经细草》/ 135
四、刘益和《议古根源》/ 136
五、秦九韶和《数书九章》/ 136
六、李冶和《测圆海镜》《益古演段》/ 138
七、杨辉和《详解九章算法》《杨辉算法》/ 140
八、朱世杰和《算学启蒙》《四元玉鉴》/ 144
第二节 计算技术的改进和珠算的发明 / 146
一、〇 和十进小数 / 146
二、计算技术的改进 / 149
三、珠算的产生 / 152

第三节　勾股容圆 / 153
一、洞渊九容 / 153
二、圆城图式和识别杂记 / 155
第四节　高次方程数值解法 / 159
一、立成释锁法与贾宪三角 / 159
二、增乘开方法 / 162
三、正负开方术 / 163
第五节　天元术和四元术 / 168
一、天元术 / 169
二、四元术 / 172
第六节　垛积术、招差术 / 176
一、垛积术 / 177
二、招差术 / 179
第七节　大衍总数术与纵横图 / 181
一、大衍总数术 / 181
二、纵横图 / 185
余　绪 / 191

中国数学的兴起

——原始社会至西周的数学

第一节　图形观念的形成与规矩准绳

人类在与自然的接触中，逐渐形成图形的观念。树木、稻禾的秆茎都是竖直的，挂在空中的满月，东升西落的太阳，都是圆形的，人们最先认识的图形应该是直线与圆，后来是正方形、三角形等几何形状。在距今约七八千年的裴李岗文化和晚一些的河姆渡文化、崧泽文化、仰韶文化中都有方形和圆形的房基遗存和器物，如图 1-1-1 所示。裴李岗文化中有三足炊煮器，说明对三点共面有一定认识，如图 1-1-2 所示。

(a)方形器物

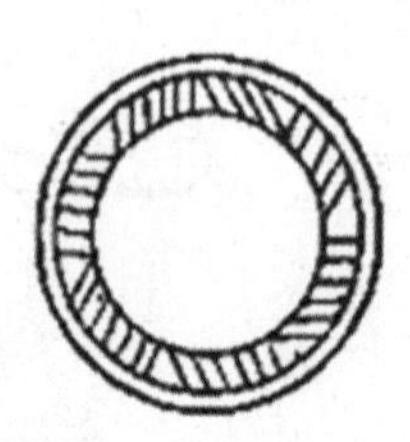

(b)圆形磨盘

图 1-1-1　裴李岗文化的方形器物与圆形磨盘

图 1-1-2　裴李岗村出土的三足炊煮器

中国古代一向用规画圆，用矩画方。所谓“没有规矩不能成方圆。”“规矩”后来还成为描绘中华传统道德或规章制度的术语。规、矩起源的时间历来有不同的看法。相传黄帝时期的倕(也有说倕是尧舜时代的)发明了规矩准绳，甚至说人类始祖伏羲、女娲发明了规、矩。汉代许多画像砖上有伏羲手执矩、女娲手执规图，图 1-1-3(a)为山东省嘉祥县武梁祠的画像砖。图 1-1-3(b)为新疆维吾尔自治区阿斯塔那唐墓出土的伏羲、女娲执规矩织帛图。

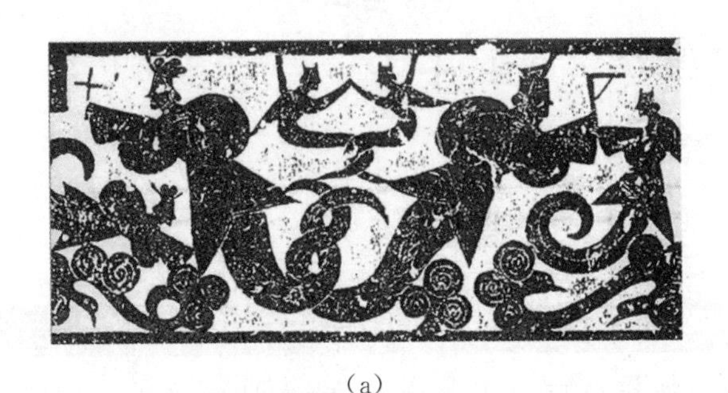

(a)　　　　　　　　　　　　　　　　　　　　(b)

图 1-1-3　伏羲、女娲执规矩图

第二节　十进位值制记数法的形成与算筹的创造

一、数概念的产生与结绳、书契、陶文数字

人们对数的认识经历了一个漫长的过程。当人们用一个数字,比如 2,既可以表示 2 个人,又可以表示 2 个苹果,或者表示其他事物时,就初步完成了数概念的抽象。《世本》云:“隶首作数。”相传隶首是黄帝的臣子,处于新石器时代晚期,距今约五千年。

《周易・系辞下》记载:“上古结绳而治,后世圣人易之以书契。”是指在上古时代(一般指伏羲时代)人们用结绳与刻木记数、记事。20 世纪 50 年代,云南有的少数民族仍然使用结绳和刻木,图 1-2-1(a)为傈僳族记数的结绳,图 1-2-1(b)为哈尼族典当土地的木刻。

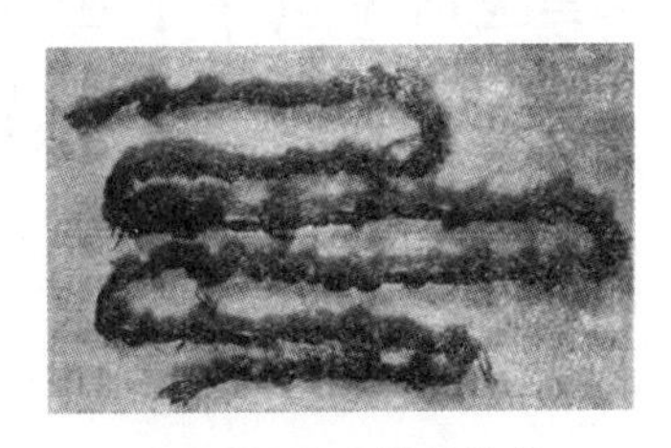

(a)傈僳族记数的结绳

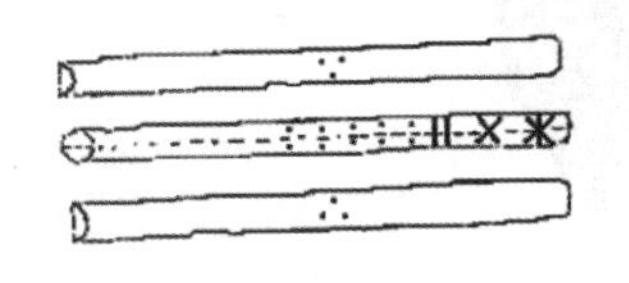

(b)哈尼族典当土地的木刻

图 1-2-1　傈僳族记数的结绳和哈尼族典当土地的木刻

随着文字的萌芽与发展，出现了记数文字。出土的许多新石器时代陶器上的刻画，有的被认为是数字，如图 1-2-2 所示。

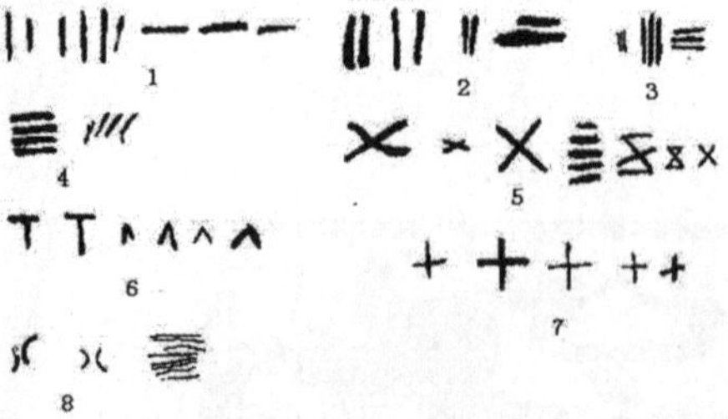

图 1-2-2 记数陶文

二、甲骨文数字与十进位值制记数法的形成

世界上通用的十进位值制记数法最早产生于中国，殷商的甲骨文数字是现存最早的关于十进位值制记数法萌芽的资料。古巴比伦使用位值制，但是是六十进制的，古希腊采用十进制，但不是位值制，都不如十进位值制方便。

（一）甲骨文数字

甲骨文是用龟甲和兽骨进行占卜的记录。甲骨文的正文中出现的数字非常多，最大的数字是三万。图 1-2-3(a)为标有数字的甲骨。图 1-2-3(b)为 1 到 10000 的基本甲骨文数字。从 1 到 4 都是积画而成，与算筹形状一样，是会意字。表示 5 至 10 的符号，一般认为是假借字，但具体细节上各家的观点有些不同。

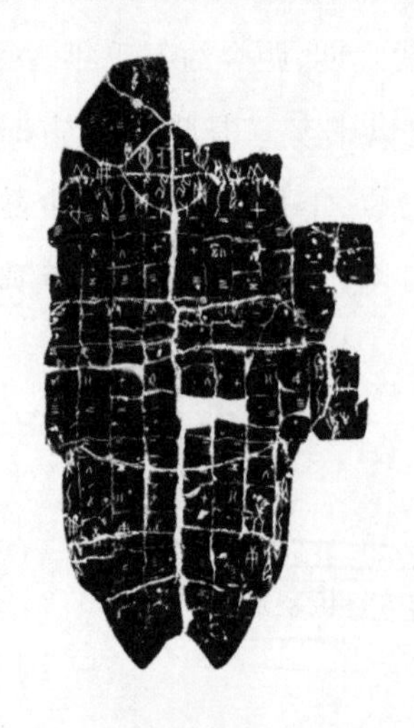

(a)标有数字的甲骨

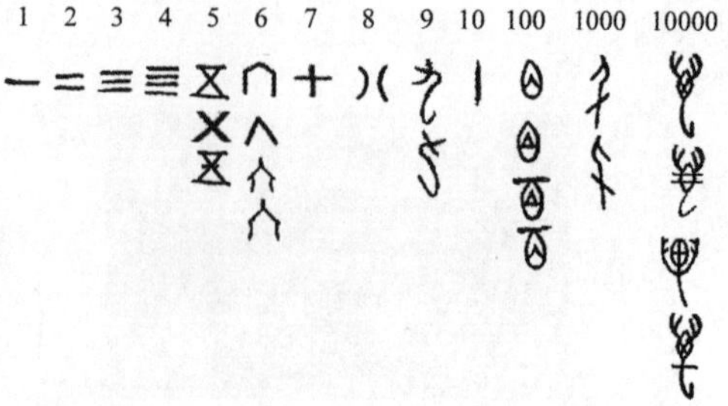

(b)1 到 10000 的基本甲骨文数字

图 1-2-3 甲骨文数字

有的甲骨中将 11,12,13,14,15,16,19 分别写作⊥、⊥̳、⊥̳̳、⊥̳̳̳、[illegible]、[illegible]、[illegible]。可见,甲骨文已使用十进位值制记数法,从最小的基数 1 到 10,再到 100,1000,10000 都有专门的符号。利用这 13 个符号,可以表示 100000 以内的任意自然数。并且有了十进位值制记数法的萌芽。

商周金文也有了十进位值制记数法的萌芽。

(二)十进位值制记数法

十进位值制记数法的完成时间已不可考。《墨经·经下》记载:"一少于二而多于五,说在建位。"含义是一在个位上表示 1,故小于 2,而在十位上表示 10,则比 5 多。《墨经·经说下》记载:"五有一焉;一有五焉,十二焉。"含义是从个位看 1,5 中包含有 1,从十位看 1,1 中包含有 5,因为 10 有两个 5。反映了墨家对十进位值制记数法中同一数字在不同的位置上表示不同的数值的认识。可见,最晚在春秋时代,十进位值制记数法已经相当完善。

三、计算工具——算筹

(一)算筹

算筹又称为算、筹、策、算子等。它一般用竹或木制作,也有用象牙或骨制作的。《老子》记载:"善数者不用筹策"。《左传·襄公三十年》(公元前 543 年)记载的"亥"字字谜说:"史赵曰:'亥有二首六身,下二如身,是其日数也'。士文伯曰:'然则二万六千六百有六旬也。'"亥字拆开来为═T⊥T,即 26660 日。以算筹为字谜,说明它早已普遍使用。20 世纪以来在战国秦汉墓葬发现的算筹有很多,图 1-2-4 为陕西省旬阳县发现的西汉算筹,其形制与《汉书·律历志》的记载基本一致。算筹是宋元之前中国数学家的主要计算工具。中国古典数学在元中叶之后衰微,中国古典数学的主要成就是借助于算筹完成的。

图 1-2-4　西汉旬阳算筹

(二)算筹数字

现存资料中,算筹数字的记数法最早出现在《孙子算经》卷上,而《夏侯阳算经》的记载更为完整:“一从十横,百立千僵,千十相望,万百相当。满六以上,五在上方。六不积算,五不单张。”如图 1-2-5 所示。因此,算筹数字分纵式和横式,纵式表示个位数、百位数、万位数……;横式表示十位数、千位数、十万位数……。1～9 的算筹数字与阿拉伯数字的对应如图 1-2-6 所示。

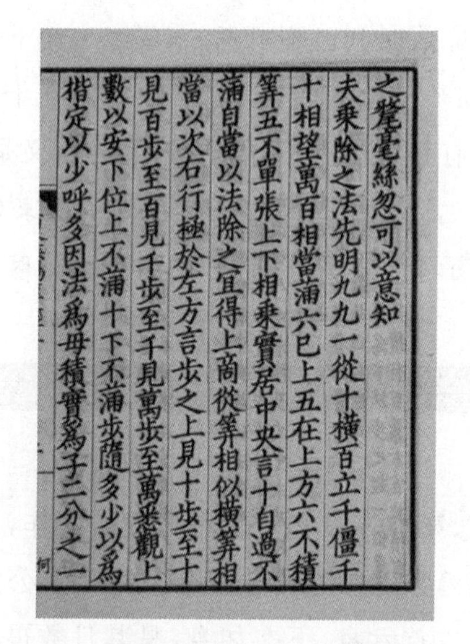
之氂毫絲忽可以意知
夫乘除之法先明九九一從十横百立千僵千
十相望萬百相當滿六已上五在上方六不積
筭五不單張上下相乘實居中央言十自過不
滿自當以法除之宜得上商從筭相似横筭相
當以次右行極於左方言步之上見十步至十
見百步至一百見千步至千見萬步至萬悉觀上
數以安下位上不滿十下不滿步隨多少以爲
揩定以少呼多因法爲母積實爲子二分之一

图 1-2-5 《夏侯阳算经》算筹记数法书影

阿拉伯数字	1	2	3	4	5	6	7	8	9
算筹数字 纵式	𝍠	𝍡	𝍢	𝍣	𝍤	𝍥	𝍦	𝍧	𝍨
算筹数字 横式	𝍩	𝍪	𝍫	𝍬	𝍭	𝍮	𝍯	𝍰	𝍱

图 1-2-6 1～9 的阿拉伯数字与算筹数字的对应

用这种纵横相间的算筹,加上用空位表示 0,可以表示任何自然数、分数、小数、负数、一元高次方程、线性方程组与多元高次方程组。这种记数法十分便于进行加法、减法、乘法、除法四则运算。加之汉语中的数字都是单音节,容易编成口诀,促进筹算的乘除捷算法向口诀的转化,并导致珠算最迟在南宋产生。

第三节　商与西周的数学

一、九九表与整数乘除法则

(一)九九表

九九乘法表在春秋时期已经广泛流传。《韩诗外传》记载齐桓公设庭燎招贤，过了一年，没有一个人来。“于是东野有以‘九九’见者，桓公使戏之曰：‘九九足以见乎？’鄙人曰：‘夫九九薄能耳，而犹礼之，况贤于九九者乎！’……桓公曰：‘善。’乃固礼之。期月，四方之士相导而至矣”。说明在春秋时期乘除算法已经是家喻户晓的常识。出土的九九表竹简很多，以清华大学收藏战国九九算表，如图1-3-1(a)所示，以及2002年湖南省湘西里耶古井出土的秦九九表木牍最为完整，如图1-3-1(b)所示。

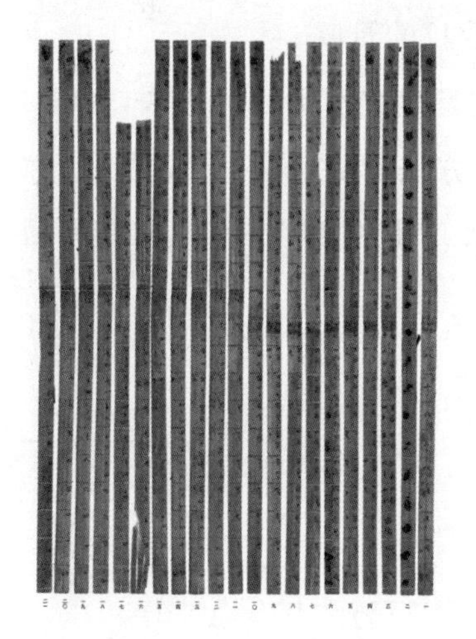

(a)清华大学收藏战国九九算表

(b)湖南省湘西里耶出土的秦九九表

图1-3-1　九九表

(二)整数乘除法则

十进位值制、算筹计数、九九乘法表的普及，意味着整数四则运算在当时已普及。

整数加减法在汉唐十部算经中没有记载。而整数乘除法则最先见之于《孙子算经》，与今天自个位乘起不同，中国古代是从高位开始乘的。除法是乘法的逆运算，被除数称为“实”，除数称为“法”。“法”的本义是标准。除法实际上是用同一个标准分割某些东西，这个标准数量就是除数，故称为“法”。后来的开方式即一元方程的一次项也称为法。中国古典数学密切联系实际，被分割的东西，即被除数，都是实际存在的，故称为“实”。后来开方式、方程即线性方程组的常数项也称为实。乘除法在西周时代就是人们已经娴熟的方法了。

二、商高答周公问及用矩之道

商高，又名殷高。赵爽说他是“周时贤大夫，善算者也”，系由殷商入周的数学家，是记载比较确切的中国古代最早的数学家。《周髀算经》卷上记载了商高答周公问：

> 昔者周公问于商高曰：“窃闻乎大夫善数也，请问古者包牺立周天历度，夫天不可阶而升，地不可得尺寸而度，请问数安从出？”商高曰：“数之法出于圆方。圆出于方，方出于矩，矩出于九九八十一。故折矩以为勾广三，股修四，径隅五。既方其外，半之一矩。环而共盘，得成三、四、五。两矩共长二十有五，是谓积矩。故禹之所以治天下者，此数之所生也。”

这里提出了勾股定理的特例，也有学者认为其表达了一般的勾股定理。然后商高阐发了方圆与圆方的关系，周公发出了“大哉言数！”的赞叹。

接着商高描述了用矩之道：“平矩以正绳”是确定水平线的方法，如图 1-3-2(a)所示。“偃矩以望高”是用矩测量物体的高度的方法，如图 1-3-2(b)所示。“覆矩以测深”是把矩倒过来测望深度，如图 1-3-2(c)所示。“卧矩以知远”是将矩平卧测量物体远近的方法，亦如图 1-3-2(b)所示。

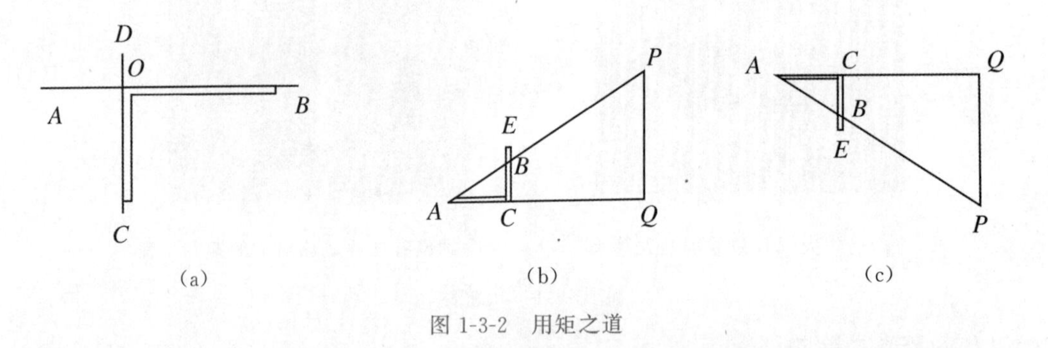

图 1-3-2　用矩之道

三、陈起的重数思想

北京大学藏秦简《算书》甲种的篇首是《鲁久次问数于陈起》(简称“《陈起》篇”)，陈起在回答鲁久次问中指出：如果“读语、计数弗能并徶”，应该“舍语而徶数，数可语殹，语不可数殹”。语指文史，计数指数学。徶，即彻。殹，训也。陈起指出：“天下之物，无不用数者。”接着，他论述了数学在各方面的应用。这种一反中国古代重文轻理传统的论述，在中国古典数学著述中从未见过。陈起是以往中国典籍中从未谈到的数学家，时代、生平不详。没有资料证实他与《周髀算经》中的陈子是同一人。

四、数学形成一门学科

关于贵族子弟的教育，《礼记·内则》记载："六年，教之数与方名。九年，教之数日。十年，出就外傅，居宿于外，学书计"。《周礼·地官司徒》记载：

> 保氏掌谏王恶，而养国子以道，乃教之六艺。一曰五礼，二曰六乐，三曰五射，四曰五驭，五曰六书，六曰九数。

九数是数学的九个分支。商、西周时期的细目已不可考，大约含有东汉郑众所列"九数"中方田、粟米、衰分、商功和旁要的某些方法。数学成为贵族子弟的一门必修课程，这意味着数学已经成为一门学科。

第二章

中国古典数学框架的确立

——春秋至东汉中期的数学

第一节 数学家与数学经典

一、诸子百家与数学

(一)儒家与九数

“九数”之名见于《周礼》。此后九数成为儒家和中国古代关于数学分类的模式，甚至就是数学的代名词。东汉末经学家郑玄(127—200)引东汉初经学家郑众(?—83)《周礼注》曰：“九数：方田、粟米、差(cī)分、少广、商功、均输、方程、赢不足、旁要。今有重差、勾股也。”郑众认为方田至旁要是先秦固有的数学门类，重差、勾股是汉代发展起来的。刘徽《九章算术序》记载：“周公制礼而有九数，九数之流，则《九章》是矣。”就是说，“九数”在春秋战国时期已经发展为某种形态的《九章算术》。春秋战国的“九数”是西周初年“九数”的发展。

(二)墨家与数学

创立墨家的墨翟(dí)，称为墨子。《墨子·墨经》有很多条目具有数学涵义，反映出墨家特别注重培养门徒的抽象思维能力，说明墨家具有很高的数学造诣。

《经上》《经下》在公元前四五世纪之交成书，而《经说上》《经说下》大约在公元前4世纪中叶靠前成书。《墨经》涉及数学的内容有记数法、倍数观念、几何学、无限观、数量比较原则、逻辑推理原则、整体与部分关系等很多方面，为我们认识先秦数学的发展水平特别是其理论贡献提供了极为宝贵的资料。比如“圜，一中同长也”，便与现今圆的定义十分接近。

墨家在几何学上有一种追求理性，超越一般实用的倾向。然而《墨经》中的数学内容是墨家的首创还是取自当时已有的数学知识，书阙有间，无法判断。无论如何，在先秦存在着一种重视定义和推理的理论数学。可惜，这种形式的数学在秦之后中断了。

二、战国秦汉数学简牍

自1983年底张家山汉简《算数书》出土以来，不断有战国秦汉数学简牍被发现。

(一) 战国简《大九九算表》

清华大学收藏的《大九九算表》由21支竹简组成，其中完整简17支，撰成于战国中期偏晚。全表共21行，20列。行、列交叉形成400余个长方格，如图1-3-1(a)所示。其核心是由9至1及其乘积81至1诸数构成的乘法表。其他部分则是其核心的扩展与延伸。它能直接用于两位数的乘除法运算，在实际上用到了乘法与加法的交换律、乘法对加法的分配律，不仅首次展现了战国计算技术的原始文献，还为春秋战国时期数学已经相当发达提供了直接证据。

(二) 秦简《数》

2007年底，湖南大学岳麓书院从中国香港收购了一批秦简，其年代下限为秦始皇三十五年(公元前212年)。其中有220余枚简是关于数学的，如图2-1-1所示。整理者根据0956号简的背面写有“数”字，将其定名为《数》。含有分数四则运算法则、面积、体积公式和粟米、衰分、少广、赢不足、勾股等类问题，以及某些算术杂题，内容相当丰富。

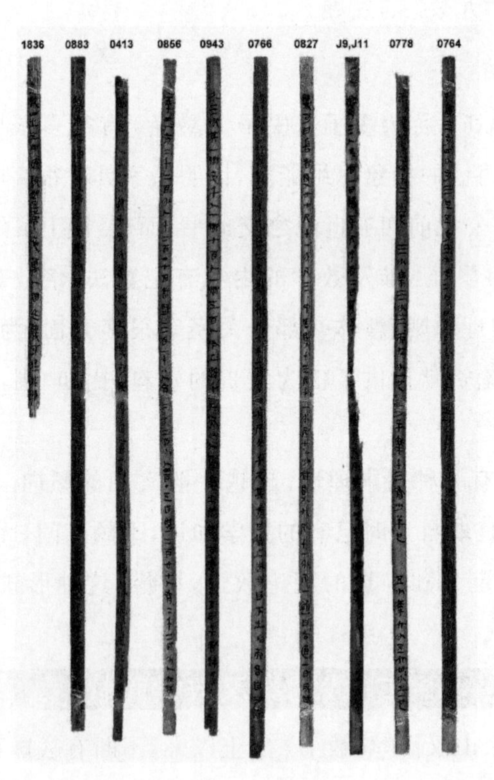

图 2-1-1 《数》部分竹简

(三) 秦简《算书》

2010年初,北京大学入藏一批秦简牍,其中与数学相关的文献包括《算书》甲、乙、丙三种,共计竹简250余枚,另有计算土地面积和租税的《田书》竹简两卷共74枚。大部分内容与秦简《数》、汉简《算数书》相类似,如图2-1-2所示。而其甲种的《陈起》篇阐发了如果文史和数学弗能并彻,应该舍文史而彻数学的重数思想。

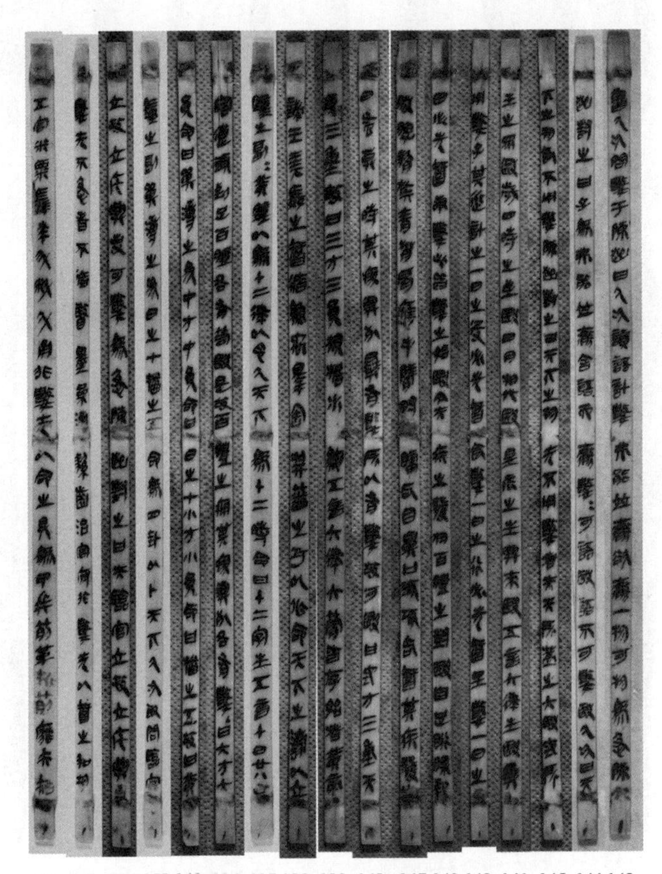

图2-1-2　《算书》部分竹简

(四) 汉简《算数书》

1983年底1984年初在湖北省江陵(今荆州)张家山274号汉墓中出土了一批数学竹简,约190支完好。人们根据第6枚背面的3个字将其命名为《算数书》,如图2-1-3所示。存70个小标题,100余条术文或解法,80余道题目。其内容含有分数四则运算法则、比例算法、赢不足术、面积、体积问题的算法,以及若干算术杂题。

图 2-1-3 《算数书》部分竹简

(五) 睡虎地汉简《算术》

2006 年，云梦睡虎地 77 号西汉墓发现了一批汉简，其中《算术》简 216 枚，如图 2-1-4 所示。其中 1 ～ 76 号简长约 26 厘米，77 ～ 216 号简长约 28.2 厘米。书名《算术》写在 1 号简简背。题名皆书于竹简头端编绳以上的位置，有一分、三分、四分、五分、六分、七分、八分、分术、田、径田、周田、土攻、合分、约分、反齐、率、通分、径分、米粟、秏、并米粟、粟半、衰分、食攻、求高、同攻、贷钱、租枲(xǐ)、刍稾(gǎo)、买犬、分攻、石率、启方等。部分题名有重见,但内容不同。部分算题见于秦简《数》、汉简《算数书》,但文字内容有一些差别。另外还有不少涉及面积、体积计算、谷物互换、少广、盈不足、衰分、石率、启方、合分、约分、通分、径分等内容。《算术》的释文尚未全部公布。

图 2-1-4 《算术》部分竹简

这些简牍有相当多的术文非常抽象，一部分内容与《九章算术》相同或相似且文字古朴。但是它们都不是《九章算术》的前身。

三、《周髀算经》和陈子

（一）《周髀算经》

《周髀（bì）算经》，二卷，如图 2-1-5 所示，是中国最早的用数学方法阐明盖天说和四分历法的数理天文学著作。原名《周髀》，陈子在回答荣方“周髀者何”的问题时说：“古时天子治周，此数望之从周，故曰周髀。髀者，表也。”可见“周髀”的本义是用竖立在周城的表竿进行天文观测计算。唐初李淳风等整理“十部算经”，方加“算经”两字。

《周髀算经》不具作者，因此其编纂是学术界长期争论的问题。赵爽说陈子答荣方问“非《周髀》之本文”，可见《周髀》之本文原只是商高答周公问，后来人们增补了陈子答荣方问等内容。它最晚成书于公元前 1 世纪。

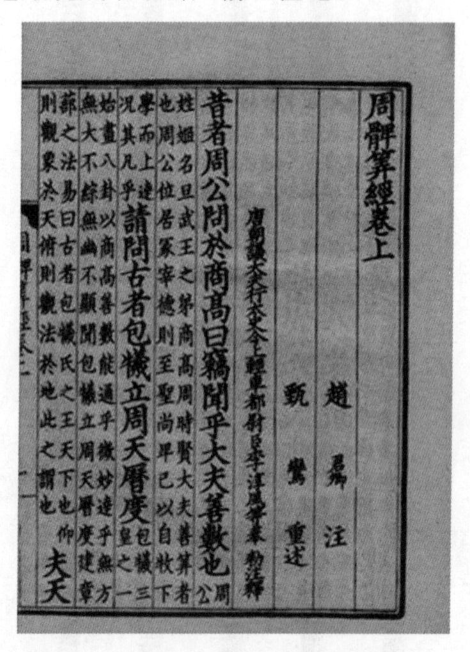
周髀算經卷上
趙 君卿 注
甄 鸞 重述
唐朝議大夫行太史令上輕車都尉臣李淳風等奉 勅注釋
昔者周公問於商高曰竊聞乎大夫善數也 周公姓姬名旦武王之弟商高周時賢大夫善算者也周公位居冢宰德則至聖尚卑己以自牧下學而上達況其凡乎
請問古者包犧立周天曆度 包犧三皇之一始畫八卦以商高善數能通乎微妙達乎無方無大不綜無幽不顯聞包犧立周天曆度建章蔀之法易曰古者包犧氏之王天下也仰則觀象於天俯則觀法於地此之謂也
夫天

图 2-1-5　《周髀算经》卷上书影（南宋本）

《周髀算经》首先是商高答周公问，然后是陈子答荣方问。接着《周髀算经》描述了盖天说的宇宙模式。《周髀算经》的大量计算方法中都用到繁杂的分数计算，说明人们谙熟分数四则运算法则。

（二）陈子

陈子是著名数学家、天文学家，生平不详，大约生活在公元前 5 世纪。《周髀算经》

记载，荣方在学习数学时感到困惑，陈子批评荣方对数学“未能通类”，而数学方法“言约而用博”，因此学习数学要能“通类”，做到“类以合类”“问一类而以万事达”，才能称为“知道”。这是当时存在的数学知识的总结，也规范了后来中国古典数学著作的特点与风格。

四、《九章算术》和张苍、耿寿昌

（一）《九章算术》的内容

《九章算术》是中国古典数学最重要的经典，含有方田、粟米、衰(cuī)分、少广、商功、均输、盈不足、方程、勾股九卷，如图 2-1-6 所示。《九章算术》含有近百条十分抽象的公式、解法，246 个例题。其中分数理论，比例、盈不足、开方、线性方程组、正负数加减法则及解勾股形等算法都是具有世界意义的成就。《九章算术》奠定了中国古典数学的基本框架和长于计算，以算法为中心，算法具有机械化、程序化、构造性的特点，以及数学理论密切联系实际的风格。

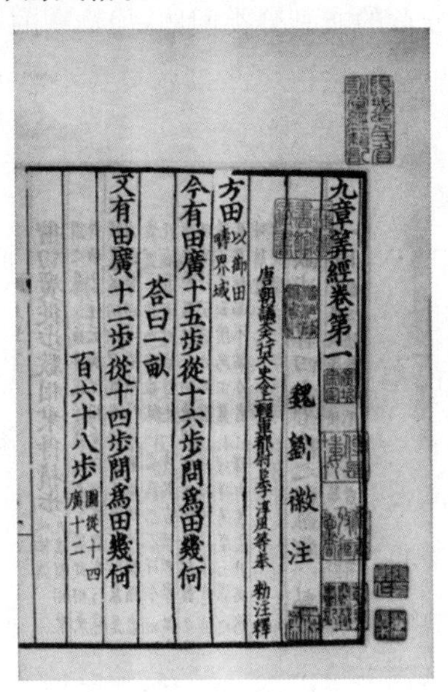

九章筭經卷第一　魏　劉徽　注

唐朝議大夫行太史令上輕車都尉臣李淳風等奉　勅注釋

方田　以御田疇界域

今有田廣十五步從十六步問爲田幾何

荅曰一畝

又有田廣十二步從十四步問爲田幾何

百六十八步　圖從十四 廣十二

图 2-1-6　《九章算术》书影(南宋本)

（二）《九章算术》的体例和编纂

1.《九章算术》的体例

数学史界和学术界许多人常常将《九章算术》称为应用问题集，并且说都是一题、一答、一术。这种说法欠妥。关于《九章算术》的术文与题目的关系，大体上有以下两种情形：

一是关于一类问题的抽象性术文统率若干例题的形式，这种形式往往是一术多题或一术一题：或者先给出一个或几个例题，再给出一条或几条抽象性术文，例题中只有题目、答案，而没有术文；或者先给出抽象性的术文，再列出几个例题，例题中只有题目、答案，亦没有演算术文；或者先给出抽象性的总术，再给出若干例题，例题中包含了题目、答案、术文三项，其中的术文是总术的应用。总共有 82 术，196 问，约占全书的 80%，覆盖了方田、粟米、少广、商功、盈不足、方程六章及衰分章的衰分类、均输章的均输类、勾股章的勾股术和测望问题等。尽管它们的表达方式有差异，却有几个共同特点：第一，在这里术文是中心，题目是作为例题出现的，是依附于术文的，而不是相反。第二，作为中心的术文非常抽象、严谨，具有普适性，换成现代符号就是公式或运算程序。第三，这些术文具有构造性、机械化的特点。

二是应用问题集的形式。这种形式往往是一题、一答、一术。其术文的抽象程度也有所不同：有的是关于一种问题的抽象性术文，有的是具体问题的算草。这部分内容共有 50 个题目，全部在衰分章的非衰分类问题，均输章的非典型均输类问题，以及勾股章的解勾股形等问题。显然，这些内容是以题目为中心的，术文只是所依附的题目的解法甚至演算细草。

2.《九章算术》的编纂

关于《九章算术》的编纂，是学术界长期争论的重大问题。现有史料中，《九章算术》之名最先见之于东汉灵帝光和二年（公元 179 年）的大司农斛、权的铭文。而最早谈到《九章算术》编纂过程的是刘徽。他说：

> 周公制礼而有九数。九数之流，则《九章》是矣。往者暴秦焚书，经术散坏。自时厥后，汉北平侯张苍、大司农中丞耿寿昌皆以善算命世。苍等因旧文之遗残，各称删补。故校其目则与古或异，而所论者多近语也。

刘徽的论述不仅为先秦典籍的蛛丝马迹及战国秦汉数学简牍所证明，更重要的是，若在《九章算术》中剔除衰分章的非衰分类问题、均输章的非典型均输类问题、勾股章的解勾股形等问题并恢复“旁要”之名，那么《九章算术》的内容不仅完全与篇名相符，而且与郑众、郑玄所说的“九数”惊人地一致，同时全部采取术文统率例题的形式。这证明刘徽所说的“九数之流，则《九章是矣》”，是言之有据的，“九数”确实是《九章算术》的滥觞。此外对《九章算术》物价的分析表明，《九章算术》基本上反映出战国与秦时的物价，也为刘徽的论述提供了佐证。

总之，张苍、耿寿昌删补《九章算术》的事实是不容否定的。自清戴震起否定刘徽的说法是缺乏说服力的。

张苍整理《九章算术》的指导思想是荀派儒学。《九章算术》以解决实际问题为根本目的等特点，正是接受了荀子的唯物主义思想。而对数学概念不作定义，对数学公式、解法没有推导和证明，也体现了荀子的思想。

(三)《九章算术》规范了中国古典数学的表达方式

《数》《算书》《算数书》《算术》等秦汉数学简牍的数学表达方式十分繁杂，没有统一的格式。张苍、耿寿昌编定《九章算术》时才完成了数学术语的统一与规范化。他们统一了分数的表示，将非名数分数 $\frac{a}{b}$ 统一表示为"b 分之 a"，将名数分数 $m\frac{a}{b}$ 尺(或其他单位)表示为"m 尺 b 分尺之 a"。他们统一了除法的表示，先指明"法"，再指明"实"，而对抽象性的术文说"实如法而一"或"实如法得一"，对非抽象性的具体运算说"实如法得一尺(或其他单位)"。而对发问，则用"问：…… 几何?"或"问：…… 几何 ……?"对问题的答案，张苍等统一采用"荅曰"来表示。这些工作实现了中国数学术语在西汉的重大转变，为规范中国古典数学术语作出了巨大贡献。此后直到 20 世纪初中国古典数学中断，中国数学著作中，分数、除法、答案的表示一直沿用《九章算术》的模式，或其同义语。

(四) 张苍和耿寿昌

张苍，阳武(今河南省新乡市原阳县东南) 人，西汉初年政治家、数学家、天文学家。先仕秦，掌管文书、图书，明悉天下图书计籍。公元前 207 年，参加刘邦起义军，因功封为北平侯(今河北省满城县)，迁为计相，掌管各郡国的财政统计工作。他善于计算，精通律历，受高祖之命"定章程"。吕后崩，张苍等协助周勃立刘恒为帝，为文帝。公元前 176 年张苍为丞相。公元前 152 年张苍去世，享年百余岁。张苍"好书，无所不观，无所不通，而尤善律历。"他确定汉初使用的历法，确立汉初的度量衡制度，肯定了秦始皇统一度量衡的工作，删补《九章算术》。

耿寿昌，数学家、理财家、天文学家。汉宣帝(公元前 74— 前 49 年在位) 时为大司农中丞，在张苍后继续删补《九章算术》。他"善为算，能商功利"，建议"籴(dí) 三辅、弘农、河东、上党、太原郡谷，足供京师，可以省关东漕卒过半。"又"令边郡皆筑仓，以谷贱时增其贾而籴，以利农。谷贵时减贾而粜(tiào)，名曰常平仓，民便之。"皆获得了良好的社会效益。

第二节　分数、今有术与盈不足术

一、分数及其四则运算法则

在人类认识史上，人们认识分数比小数早得多。中国是世界上使用分数最早的国家之一。《九章算术》和秦汉数学简牍在世界数学史上第一次建立了完整的分数四则运算法则。

（一）分数的产生及其表示

1.分数的产生

中国古代分数的产生起码有两个来源。一是实际生活中数量的奇零部分。刘徽说"物之数量，不可悉全，必以分言之"。二是在数学上，在整数除法中不一定整除，便产生了分数。

2.分数的表示

根据《孙子算经》的记载，分数的筹式记成二行，分母在下，分子在上，如$\frac{49}{91}$便记成图 2-2-1(a)的形式；若是带分数，则记成三行，整数部分在上，分母居下，分子居中，如 18 $\frac{5}{7}$ 便记成图 2-2-1(b)的形式。

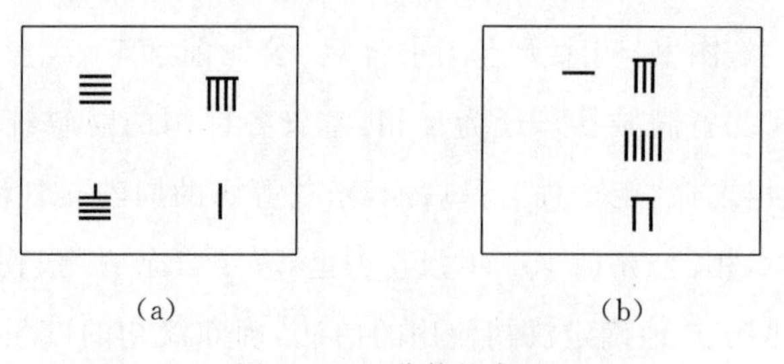

(a)　(b)

图 2-2-1　分数的表示

（二）分数四则运算

1.分数的性质

《算数书》有几条讨论了分数的性质，这是中国古代其他数学著作中所没有的。"增减分"条是："增分者，增其子；减分者，增其母。"它的意思是：要增加一个分数的值，便增加它的分子；要减少一个分数的值，便增加它的分母。

2. 约分

约分是化简分数而不改变分数值的方法。《九章算术》和秦汉数学简牍都提出了约简分数的约分术。《九章算术》约分术是：

> 约分术曰：可半者半之。不可半者，副置分母、子之数。以少减多，更相减损，求其等也。以等数约之。

等或等数就是最大公约数。求等数的更相减损程序与《几何原本》第七卷求最大公约数的方法是相同的。可以证明，待约简的两个数必定是等数的整倍数。

3. 合分术与减分术、课分术

合分术即分数加法法则。《九章算术》和秦汉数学简牍都提出了合分术。《九章算术》的合分术是：

> 合分术曰：母互乘子，并，以为实。母相乘为法。实如法而一。不满法者，以法命之。其母同者，直相从之。

设两个分数分别为$\frac{b}{a}$，$\frac{d}{c}$。这个法则就是$\frac{b}{a}+\frac{d}{c}=\frac{bc}{ac}+\frac{ad}{ac}=\frac{bc+ad}{ac}$。

减分术即分数减法法则，与合分术对称。自然，在未认识负数之前，只有$\frac{b}{a}\geqslant\frac{d}{c}$时，才能施行减分术。为了比较分数的大小，《九章算术》提出了课分术。在明代，人们不再区分减分术和课分术，或者称为减分术，或者称为课分术。

4. 乘分术与经分术

乘分术是分数乘法法则，经分术是分数除法法则。经分在《算数书》中称为“径分”。

(1) 乘分术

《九章算术》的乘分术是：

> 乘分术曰：母相乘为法，子相乘为实，实如法而一。

设两个分数分别为$\frac{b}{a}$，$\frac{d}{c}$。这个法则就是：

$$\frac{b}{a}\times\frac{d}{c}=\frac{bd}{ac}$$

(2) 经分术

《九章算术》的“经分术”是：

经分术曰：以人数为法，钱数为实。实如法而一。有分者通之，重有分者同而通之。

其程序是：

$$\frac{b}{a} \div \frac{d}{c} = \frac{bc}{ac} \div \frac{ad}{ac} = bc \div ad = \frac{bc}{ad}$$

就是说，先将法、实通分，再将两者分子相除。《九章算术》和秦汉数学简牍的经分术文没有使用颠倒相乘法，而《算数书》"启从"条术文提出"广分子乘积分母为法，积分子乘广分母为实"，即$\frac{b}{a} \div \frac{d}{c} = \frac{b}{a} \times \frac{c}{d} = \frac{bc}{ad}$，应用了颠倒相乘法。

二、今有术与衰分术、均输术

(一) 今有术

比例算法在中国古典数学中称为今有术。它在《周髀算经》《九章算术》和秦汉数学简牍等数学著作中都有应用。《九章算术》粟米章提出今有术：

今有术曰：以所有数乘所求率为实，以所有率为法，实如法而一。

设 $A : B = a : b$，则

$$B = Ab \div a$$

《九章算术》用今有术解决了31个粟米互换问题。后来的印度和西方也用同样的方法，被称为三率法(rule of three)。

刘徽特别重视今有术，他认为今有术是解决比例算法的一般方法，所以称之为"都术"。刘徽认为，任何数学问题只要找出它们的率关系，再使用齐同术，都可以归结为今有术。

(二) 衰分术

衰分在先秦称为差分，是比例分配问题，中国古典数学的重要分支。《九章算术》和秦汉数学简牍的衰分问题包括衰分术和返衰术两种方法。

1. 衰分术

《算数书》有8个衰分问题，不过没有给出抽象性的衰分术。如"狐出关"条：

狐出关　狐、狸、犬出关，租百一十一钱。犬谓狸、狸谓狐：而皮倍我，出租当倍我。问：出各几何？得曰：犬出十五钱七分六，狸出卅一钱分五，狐出六十三钱分三。术曰：令各相倍也，并之，七，为法。以租各乘之，为实。实如法得一。

这里，犬、狸、狐以1，2，4的比例分配111钱，$1+2+4=7$为法。按术文，

$$犬=(111\ 钱\times 1)\div 7=15\frac{6}{7}\ 钱$$

$$狸=(111\ 钱\times 2)\div 7=31\frac{5}{7}\ 钱$$

$$狐=(111\ 钱\times 4)\div 7=63\frac{3}{7}\ 钱$$

《九章算术》衰分章首先提出衰分术，再给出若干例题。衰分术是：

衰分术曰：各置列衰，副并为法。以所分乘未并者各自为实。实如法而一。不满法者，以法命之。

“副”是在旁边计算。设所分配的量为A，各部分的分配比例称为列衰，设为m_i，分配所得的各部分为$a_i(i=1,2,\cdots,n)$。在旁边将列衰相加，计算出$\sum_{j=1}^{n}m_j$，作为法。依次计算出$Am_i(i=1,2,\cdots,n)$，作为实。于是分配后的各部分为

$$a_i=Am_i\div\sum_{j=1}^{n}m_j(i=1,2,\cdots,n)$$

刘徽将衰分术归结为今有术。

2. 返衰术

如果按列衰的倒数$\frac{1}{m_1},\frac{1}{m_2},\cdots,\frac{1}{m_n}$进行分配，就是返衰问题。《九章算术》提出的返衰术十分简括，根据刘徽注，其解法是：

$$a_i=Am_1m_2\cdots m_{i-1}m_{i+1}\cdots m_n\div\sum_{j=1}^{n}m_1m_2\cdots m_{j-1}m_{j+1}\cdots m_n(i=1,2,\cdots,n)$$

(三) 均输术

《九章算术》均输术实际上是一种更为复杂的比例分配问题，亦用衰分术解决。而对它们在运用衰分术之前，必须根据各县户数或人数，行道日数及物价、僦(jiù)价、佣价等因素计算出使各县的每户(人)劳费均等的均平之率，以求出各县的列衰。以第二问均输卒为例(答案略)：

今有均输卒：甲县一千二百人，薄塞；乙县一千五百五十人，行道一日；丙县一千二百八十人，行道二日；丁县九百九十人，行道三日；戊县一千七百五十人，行道五日。凡五县赋输卒一月一千二百人。欲以远近、人数多少衰出之。问：县各几何？

> 术曰：令县卒各如其居所及行道日数而一，以为衰：甲衰四，乙衰五，丙衰四，丁衰三，戊衰五，副并为法。以人数乘未并者，各自为实。实如法得一。有分者，上下辈之。

刘徽认为此问是“以日数为均，发卒为输”。设总输卒数为 A，各县行道日数为p_i，人数为q_i。刘徽指出，“欲为均平之率者”，即要使各县每人的负担均等，就必须使各县每$(30+p_i)$人而出 1 人，$i=1,2,\cdots,5$，其中 30 为输卒服役一月的日数。刘徽说：“出一人者，计役则皆一人一日，是以可为均平之率。”就是说，每$(30+p_i)$人而出 1 人，就会使各县都是每一人负担一日。因此，各县按$q_i\div(30+p_i)(i=1,2,\cdots,5)$的比例分配输卒数，就会使各县的负担均等，换言之，$q_i\div(30+p_i)$就是各县的列衰。于是，各县输卒数就是$q_i=\{(A\times[q_i\div(30+p_i)]\}\div\sum_{j=1}^{n}[q_i\div(30+p_i)](i=1,2,\cdots,5)$。求出甲衰 4，乙衰 5，丙衰 4，丁衰 3，戊衰 5。法为 $4+5+4+3+5=21$。于是各县输卒数：甲县输卒 $228\frac{4}{7}$ 人，乙县输卒 $285\frac{5}{7}$ 人，丙县输卒 $228\frac{4}{7}$ 人，丁县输卒 $171\frac{3}{7}$ 人，戊县输卒 $285\frac{5}{7}$ 人。人不可能是分数，《九章算术》通过“有分者，上下辈之”，化成整数。

三、盈不足术

中国古典数学中盈不足类问题大都含有两种内容，一是盈不足问题，二是应用盈不足术解决的一般数学问题。《九章算术》和秦汉数学简牍都有这两种内容。钱宝琮、李约瑟等学者都认为，中国的盈不足术后来传入阿拉伯和欧洲，成为他们在文艺复兴之前解题的主要方法。

(一) 盈不足术

《九章算术》首先给出了盈不足术：

> 盈不足术曰：置所出率，盈、不足各居其下。令维乘所出率，并，以为实。并盈、不足为法。实如法而一。有分者，通之。盈、不足相与同其买物者，置所出率，以少减多，余，以约法、实。实为物价，法为人数。

《九章算术》的例题都是共买物的问题：今有人共买物，每人出 A，盈(或不足) a，每人出 B，不足(或盈、或适足) b，求人数、物价。这里给出了求不盈不朒(nǜ)之正数、物价、人数 3 个公式。上面布置所出率 A，B，下面分别布置盈 a，不足 b，如下计算：

$$\begin{matrix} A & B & & Ab & Ba & & Ab+Ba\text{（实）} \\ & & \xrightarrow{\text{维乘}} & & & \xrightarrow{\text{相并}} & \\ a & b & & a & b & & a+b\text{（法）} \end{matrix}$$

盈不足术首先提出了求不盈不朒之正数，即每人出多少才既不盈又非不足的公式：

$$\text{不盈不朒之正数} = (Ab + Ba) \div (a + b) \quad (2\text{-}2\text{-}1)$$

这条术文在《九章算术》中主要用来解决一般数学问题。《九章算术》接着给出了求物价、人数的公式：

$$\text{物价} = (Ab + Ba) \div | A - B | \quad (2\text{-}2\text{-}2)$$

$$\text{人数} = (a + b) \div | A - B | \quad (2\text{-}2\text{-}3)$$

例如，第 1 道例题是："今有共买物，人出八，盈三；人出七，不足四。问：人数、物价各几何？"应用公式(2-2-3)，得到人数 $= (3+4) \div |8-7| = 7$，应用公式(2-2-2)，得到物价 $= (8 \times 4 + 7 \times 3) \div |8-7| = 53$。

(二) 盈不足术在一般数学问题中的应用

古代人们解决复杂的数学问题的能力较低。但是发现，对于任何一个数学问题，任意假设一个答案，代入原题验算，必定会出现盈、不足、适足三者之一。那么，两次假设，都可以化为盈不足问题解决。《九章算术》求不盈不朒之正数的公式(2-2-1) 就是为解决这些问题而提出来的。一般数学问题，有的是线性问题，有的是非线性问题。对线性问题应用盈不足术，可以求出精确解。然而，对非线性问题应用盈不足术，则只能求出近似解。

1. 线性问题

我们以《九章算术》的"油自和漆"问(答案略) 为例：

> 今有漆三得油四，油四和漆五。今有漆三斗，欲令分以易油，还自和余漆。问：出漆、得油、和漆各几何？
>
> 术曰：假令出漆九升，不足六升；令之出漆一斗二升，有余二升。

这是一个混合分配问题。用盈不足术则十分简单。由求不盈不朒之正数的公式(2-2-1)，出漆 $= (Ab + Ba) \div (a + b) = (9 \times 2 + 12 \times 6) \div (6 + 2) = 11\frac{1}{4}$ 升；再由今有术，求出得油 $= 11\frac{1}{4}$ 升 $\times 4 \div 3 = 15$ 升，和漆 $= 15$ 升 $\times 5 \div 4 = 18\frac{3}{4}$ 升。

2. 非线性问题

我们以《九章算术》的“二鼠穿垣”问(答案略)为例:

今有垣厚五尺,两鼠对穿。大鼠日一尺,小鼠亦日一尺。大鼠日自倍,小鼠日自半。问:几何日相逢?各穿几何?

术曰:假令二日,不足五寸;令之三日,有余三尺七寸半。

由术文,用盈不足术求不盈不朒之正数的公式(2-2-1)得

$$\text{日数} = (Ab + Ba) \div (a + b) = (2 \times 37\frac{1}{2} + 3 \times 5) \div (5 + 37\frac{1}{2}) = 2\frac{2}{17}\text{日}$$

这只是近似解。因为二鼠所穿呈等比数列,其精确解应为 $n = \dfrac{\log(2 + \sqrt{6})}{\log 2}$。

《九章算术》和秦汉数学简牍的作者及后来的注释者都没有认识到盈不足术对非线性问题只能求出近似解。不过,由于盈不足术实际上是一种线性插值方法,它对求解一些复杂的不容易计算其实根的方程,仍不失为一种有效的求解根的近似值的方法。

第三节 面积、体积、勾股与测望

一、面 积

《九章算术》和秦汉数学简牍的面积问题中既有直线形面积,又有曲线形面积,还有个别的曲面形面积。

(一) 直线形面积

《九章算术》和秦汉数学简牍中的直线形有方田、圭田、邪田、箕田 4 种。

方田一般指长方形,如图 2-3-1 所示。《九章算术》给出的方田术是:

方田术曰:广、从步数相乘得积步。

设广为 a,从为 b,方田术就是给出其面积公式:

$$S = ab \tag{2-3-1}$$

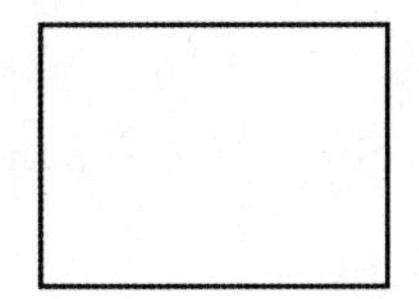

图 2-3-1　方田

三角形称为圭田,如图 2-3-2 所示。《九章算术》给出圭田的求积方法为

术曰:半广,以乘正从。

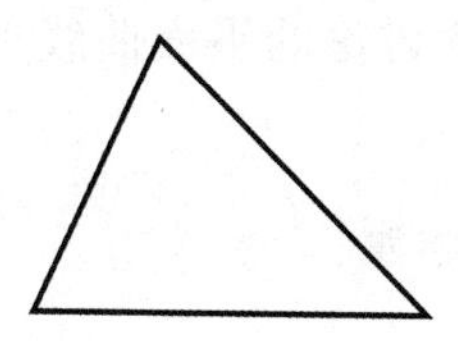

图 2-3-2　圭田

其正从就是高。设广为 a,正从为 h,圭田术就是给出其面积公式:

$$S = \frac{1}{2}ah \tag{2-3-2}$$

邪田是一腰垂直于底的梯形,如图 2-3-3 所示。箕田是一般梯形,一说为等腰梯形,如图 2-3-4 所示。《九章算术》给出邪田的求积方法为

术曰:并两邪而半之,以乘正从若广。又可半正从若广,以乘并。亩法而一。

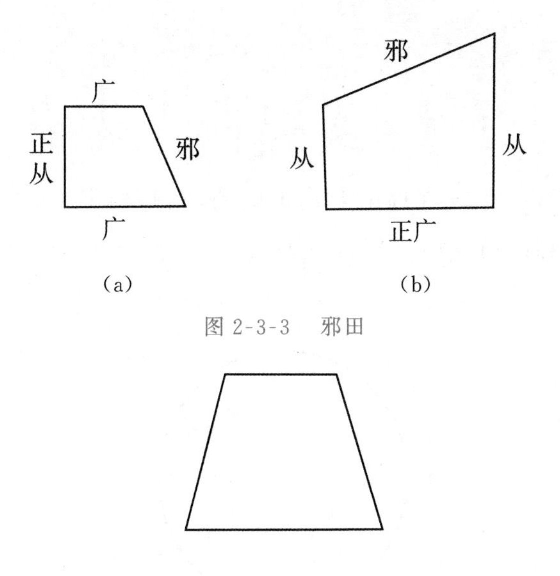

图 2-3-3　邪田

图 2-3-4　箕田

正从是高,两邪指与邪相邻的两底,是实词活用。若训或。设正从为 h,两底分别

为 a,b,邪田面积公式为

$$S=\frac{1}{2}(a+b)h \tag{2-3-3}$$

或

$$S=(a+b)\times\frac{1}{2}h$$

(二)曲线形面积

《九章算术》和秦汉数学简牍讨论的平面曲线形有圆田、弧田、环田。《九章算术》提出了圆面积的四个公式:

> 术曰:半周半径相乘得积步。
>
> 又术曰:周径相乘,四而一。
>
> 又术曰:径自相乘,三之,四而一。
>
> 又术曰:周自相乘,十二而一。

设圆周长为 l,半径为 r,直径为 d,圆面积为 S,如图 2-3-5 所示,圆面积公式分别是:

$$S=\frac{1}{2}lr \tag{2-3-4}$$

$$S=\frac{1}{4}ld \tag{2-3-5}$$

$$S=\frac{3}{4}d^2 \tag{2-3-6}$$

$$S=\frac{1}{12}l^2 \tag{2-3-7}$$

公式(2-3-4)与公式(2-3-5)在理论上是正确的,只是两个例题的周径之比,即圆周率均取 3,无法算出精确值。公式(2-3-6)与公式(2-3-7)的系数都是基于 $\pi=3$ 得出的,因而是不准确的。

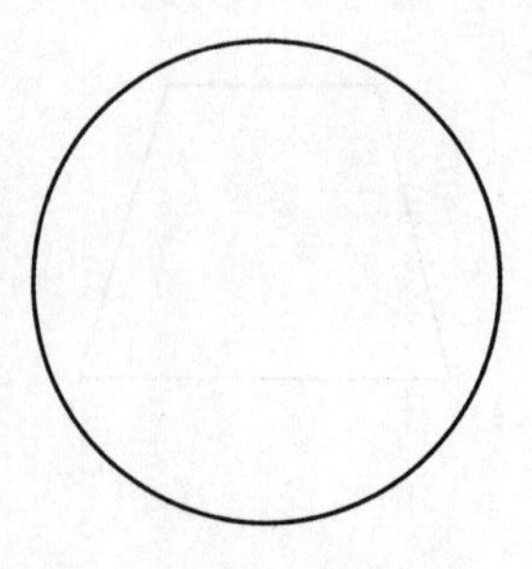

图 2-3-5 圆

弧田即今之弓形，如图 2-3-6 所示。《九章算术》给出求积方法：

术曰：以弦乘矢，矢又自乘，并之，二而一。

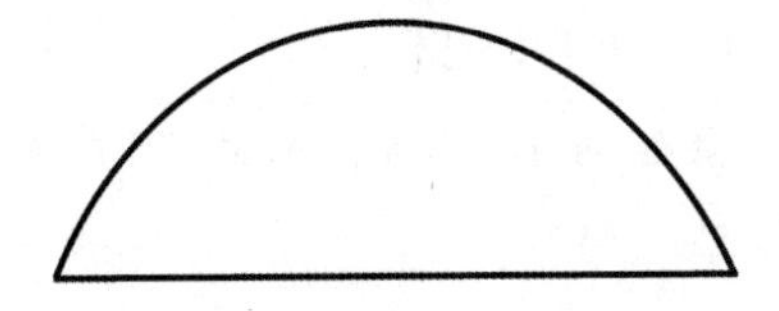

图 2-3-6　弧田

设弧田的弦为 c，矢为 v，则面积 S 为

$$S=\frac{1}{12}(cv+v^2) \tag{2-3-8}$$

后来刘徽指出并证明了公式(2-3-8) 是不准确的。

《九章算术》还给出环田和宛田的面积公式。前者是圆环，后者类似于球冠形。

二、体　积

《九章算术》和秦汉数学简牍共有 20 多种立体体积公式。《九章算术》的体积问题集中于商功章。“商功”本来要解决工程量的分配问题。但要分配工作量，首先要计算土木工程中某些立体的体积、容积。各种体积公式遂成为商功章中最重要的内容。

(一) 多面体体积

《九章算术》和秦汉数学简牍共有 19 种多面体，不过，有些多面体在数学上是同一种形状，实际上只有 12 条体积公式。

1. 长方体

《九章算术》没有明确给出计算长方体[图 2-3-7(a)]体积的公式，而给出了正方柱体的公式，称为方堢壔，如图 2-3-7(b) 所示。但商功章有一已知长方体粮仓的容积及广、袤，求仓高的问题，实际上使用了长方体体积公式

$$V=abh \tag{2-3-9}$$

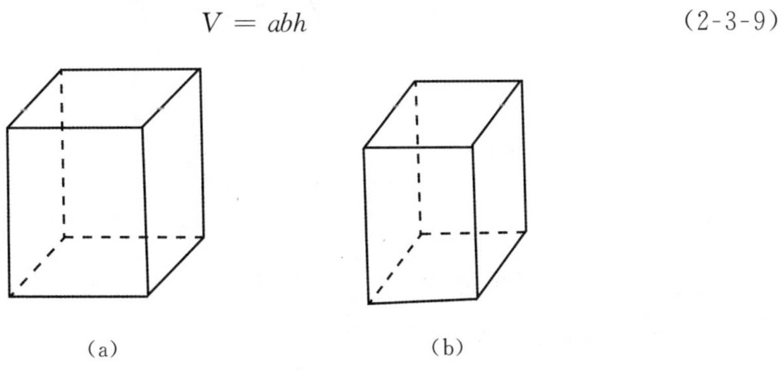

(a)　　(b)

图 2-3-7　长方体

2. 城、垣、堤、沟、堑、渠

城、垣、堤、沟、堑、渠的形状都是上底、下底为其长相等而其宽不等的互相平行的

两矩形，两侧为相等的两矩形，两端为垂直于底的相等的两等腰梯形。不过，前三者是地面上的土方工程，其上广小于下广，而后三者都是挖成的地面下的工程，其上广大于下广，如图 2-3-8 所示。《九章算术》记载：

城、垣、堤、沟、堑、渠皆同术。术曰：并上、下广而半之，以高若深乘之，又以袤乘之，即积尺。

设上广、下广、袤、高分别是a_1，a_2，b，h，则其体积公式为

$$V=\frac{1}{2}(a_1+a_2)bh \qquad (2\text{-}3\text{-}10)$$

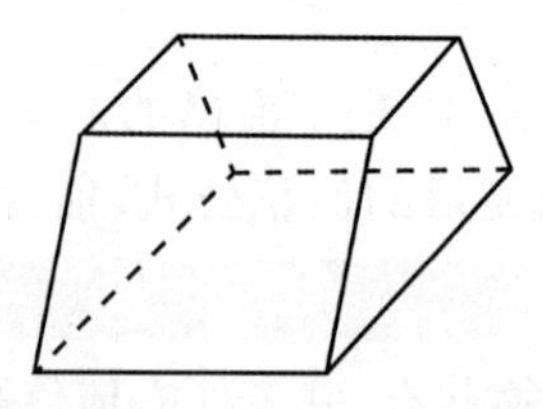

图 2-3-8　城、垣、堤、沟、堑、渠

3. 堑堵、方锥、阳马和鳖臑

堑堵是沿长方体相对两棱剖开所得的楔形体，如图 2-3-9 所示。刘徽说："邪解立方得两堑堵。"《九章算术》给出堑堵的求积方法为

术曰：广、袤相乘，以高乘之，二而一。

设堑堵的下广、袤、高分别为 a，b，h，则其体积公式为

$$V=\frac{1}{2}abh \qquad (2\text{-}3\text{-}11)$$

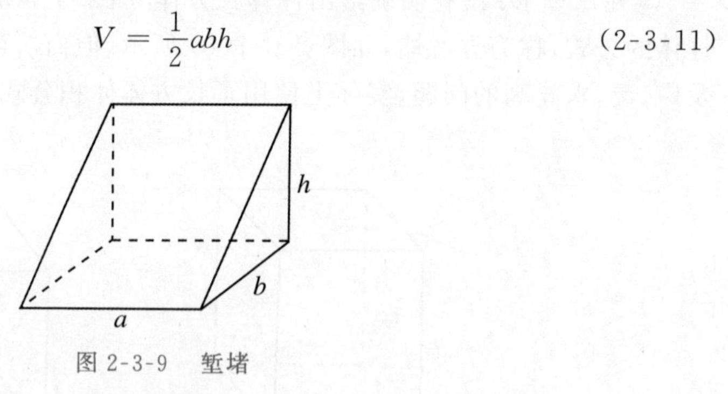

图 2-3-9　堑堵

方锥是大家所熟知的，如图 2-3-10 所示。《九章算术》给出方锥的求积方法为

术曰：下方自乘，以高乘之，三而一。

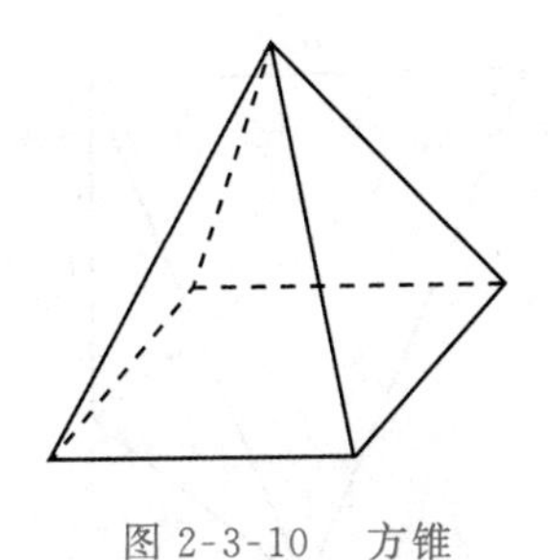

图 2-3-10　方锥

设下方为 a，高为 h，则

$$V = \frac{1}{3}a^2h \tag{2-3-12}$$

阳马是直角四棱锥，如图 2-3-11 所示。刘徽说："阳马之形，方锥一隅也。"阳马是古代的建筑零件术语。《九章算术》给出阳马的求积方法为

术曰：广、袤相乘，以高乘之，三而一。

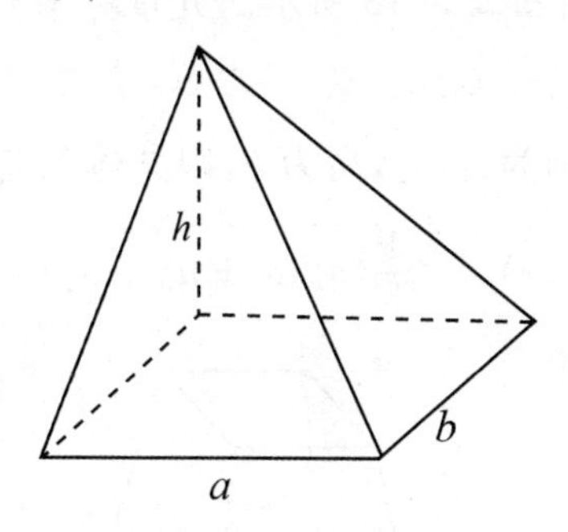

图 2-3-11　阳马

设阳马的广、袤、高分别为 a,b,h，则其体积公式为

$$V = \frac{1}{3}abh \tag{2-3-13}$$

鳖臑是一个有下广，无下袤，有上袤，无上广的四面体，如图 2-3-12 所示。它的四面都是勾股形。斜解一堑堵，就得到一个阳马、一个鳖臑。刘徽说："鳖臑之物，不同器用。"就是说，鳖臑不是来源于实际应用，而是立体分割的产物。《九章算术》给出鳖臑的求积方法为

术曰：广、袤相乘，以高乘之，六而一。

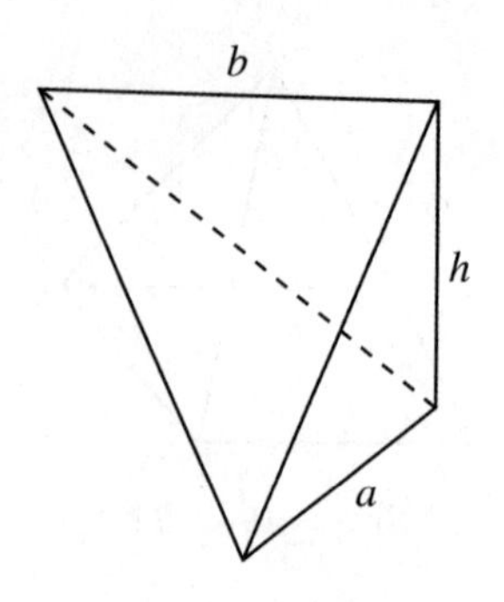

图 2-3-12 鳖臑

若下广为 a,上袤为 b,高为 h,则其体积公式为

$$V=\frac{1}{6}abh \tag{2-3-14}$$

4. 方亭、刍甍和刍童、曲池、盘池、冥谷

方亭即今之正锥台,如图 2-3-13 所示。《九章算术》给出方亭的求积方法为

术曰:上、下方相乘,又各自乘,并之,以高乘之,三而一。

设上底边长和下底边长分别为a_1,a_2,高为 h,则其体积公式为

$$V=\frac{1}{3}(a_1\,a_2+a_1^2+a_2^2)h \tag{2-3-15}$$

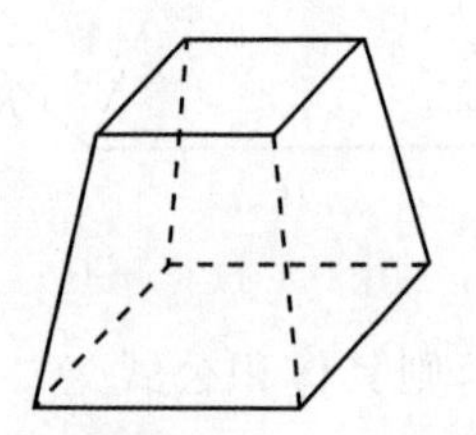

图 2-3-13 方亭

刍甍如图 2-3-14 所示,下有广、袤,上有袤无广,下袤大于上袤。刍是草,甍是屋脊。刍甍就是屋脊形草垛。刘徽引用旧说云:"甍谓屋盖之茨也。" 他又说:"正斩方亭两边,合之即刍甍之形也。"《九章算术》给出刍甍的求积方法为

术曰:倍下袤,上袤从之,以广乘之,又以高乘之,六而一。

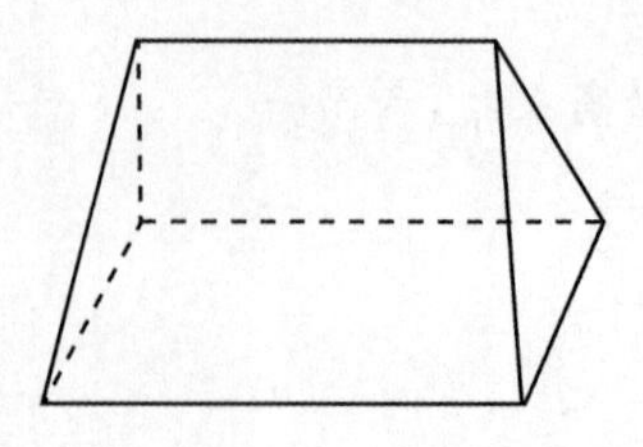

图 2-3-14 刍甍

设上袤和下袤为a_1,a_2,广为b,高为h,则刍甍的体积公式为

$$V=\frac{1}{6}(2a_2+a_1)bh \tag{2-3-16}$$

刍童也是草垛,刘徽引用旧说云:"凡积刍有上下广曰童。"童就是秃顶。若刍甍有上广,便为刍童,如图2-3-15所示。《九章算术》还提出了盘池、冥谷等立体,其形状与刍童相同,不过是地下工程。还有曲池,是上宽下窄,上长下短的环缺状深槽,如图2-3-16所示。经过求出上袤、下袤的变换之后,也与刍童相类似。《九章算术》提出:

刍童、曲池、盘池、冥谷皆同术。术曰:倍上袤,下袤从之;亦倍下袤,上袤从之;各以其广乘之;并,以高若深乘之,皆六而一。

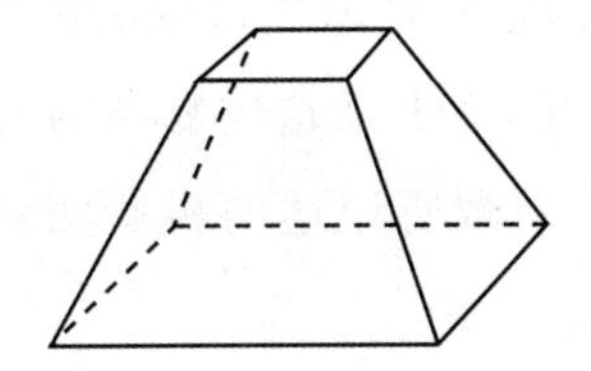

图2-3-15 刍童、盘池、冥谷

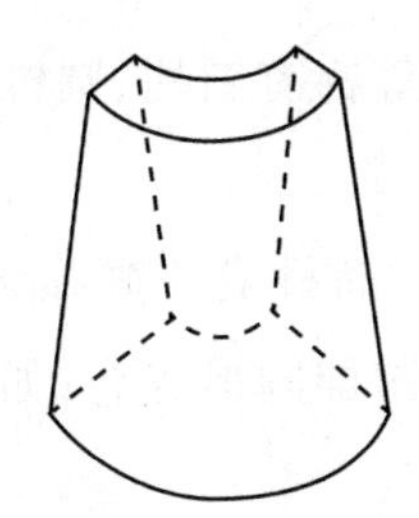

图2-3-16 曲池

设刍童的上广、长分别为a_1,b_1,下广、长分别为a_2,b_2,高为h,则刍童的体积公式为

$$V=\frac{1}{6}[(2b_1+b_2)a_1+(2b_2+b_1)a_2]h \tag{2-3-17}$$

5. 羡除

羡(yán)除也是一种楔形体,如图2-3-17所示,有三广,至少有一广不与另外二广相等,长所在的平面与高所在的平面垂直。刘徽说:"羡除,实隧道也。"《九章算术》提出:

术曰:并三广,以深乘之,又以袤乘之,六而一。

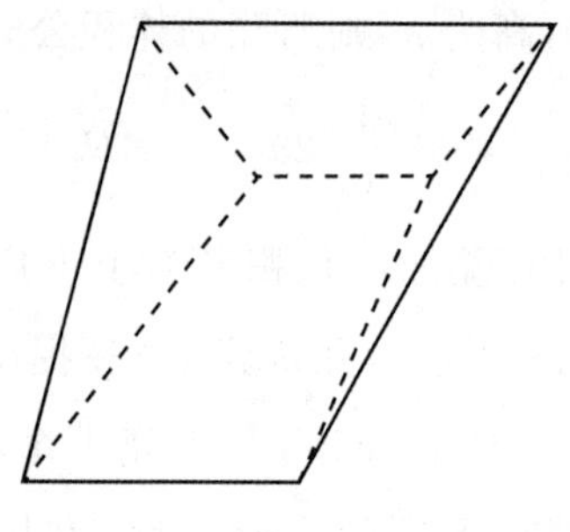

图 2-3-17　羡除

设羡除上广、下广、末广分别为 a,b,c，深为 h，袤为 l，则羡除的体积公式为

$$V=\frac{1}{6}(a+b+c)hl \tag{2-3-18}$$

以上这些公式都是正确的，它们是怎样得到的呢？有人说中国古典数学是非逻辑的，是靠直观或悟性得到的。但是，像上面这样复杂的公式，靠直观和悟性显然是不能得出的，当时必定有某种推导。刘徽所记述的棊验法就是《九章算术》时代的推导方法。

(二) 圆体体积

《九章算术》和秦汉数学简牍等都有圆柱、圆锥、圆亭等的体积问题。

1. 圆柱

圆柱在《算数书》中称为井材、圜材或井窌(jiào)。在《九章算术》中称为圆堢壔，又称为圆囷(qūn)。井窌即井窖，圆囷即圆形谷仓。如图 2-3-18 所示。《九章算术》给出圆堢壔的求积方法为

术曰：周自相乘，以高乘之，十二而一。

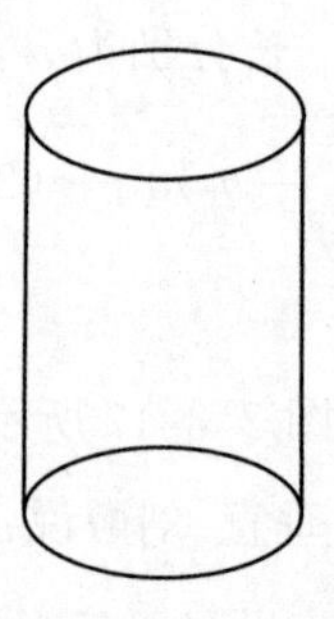

图 2-3-18　圆柱

设圆堢壔的周长、高分别为 l,h，则圆堢壔的体积公式为

$$V=\frac{1}{12}l^2h \tag{2-3-19}$$

2. 圆锥

圆锥是《九章算术》的原名，其“委粟”也是圆锥的形状，《算数书》称之为“旋粟”或“困盖”，如图 2-3-19 所示。《九章算术》给出圆锥的求积方法为

术曰：下周自乘，以高乘之，三十六而一。

设圆锥的周长、高分别为 l，h，则圆锥的体积公式为

$$V = \frac{1}{36} l^2 h \tag{2-3-20}$$

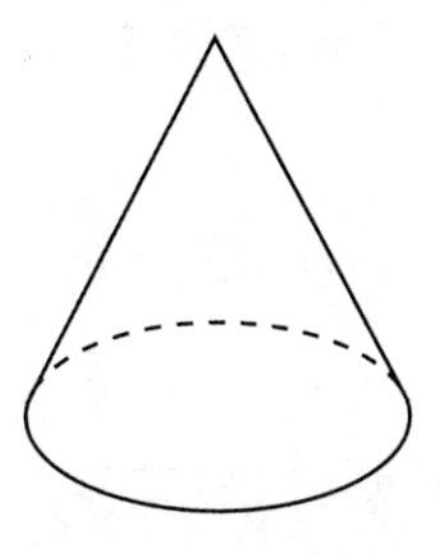

图 2-3-19　圆锥

3. 圆亭

《九章算术》之圆亭即今之圆台，如图 2-3-20 所示，《数》作“园亭”或“员亭”，《算数书》作“圜亭”。《九章算术》给出圆亭的求积方法为

术曰：上、下周相乘，又各自乘，并之，以高乘之，三十六而一。

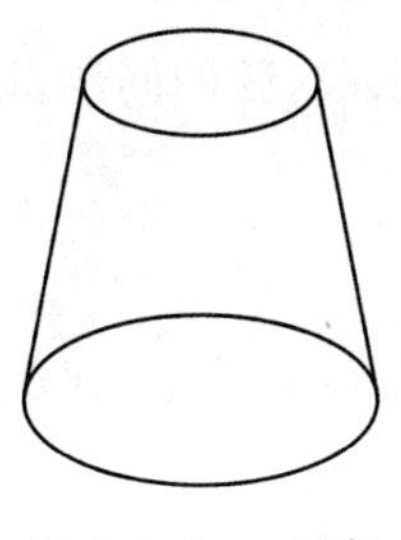

图 2-3-20　圆亭

设圆亭的上周为l_1，大周即下周为l_2，高为 h，则圆亭的体积公式为

$$V = \frac{1}{36}(l_1 l_2 + l_1^2 + l_2^2)h \tag{2-3-21}$$

公式(2-3-19) ～ 公式(2-3-21) 在理论上是正确的，它们对应于圆面积公式(2-3-7)，其系数由 $\pi = 3$ 导出，因而不准确，正如刘徽所说：“此章诸术亦以周三径一为率，皆非也。”

三、勾股定理、解勾股形与勾股数组

(一) 勾股定理

根据《周髀算经》的记载，陈子求斜至日的方法应用了完整的勾股定理。《九章算术》勾股章明确提出了勾股术：

勾股术曰：勾、股各自乘，并，而开方除之，即弦。

又，股自乘，以减弦自乘，其余，开方除之，即勾。

又，勾自乘，以减弦自乘，其余，开方除之，即股。

这依次是：

$$c = \sqrt{a^2 + b^2} \tag{2-3-22}$$

$$a = \sqrt{c^2 - b^2} \tag{2-3-23}$$

$$b = \sqrt{c^2 - a^2} \tag{2-3-24}$$

(二) 解勾股形

解勾股形是已知勾、股、弦的某些和差关系，应用勾股定理求勾、股、弦的问题。《九章算术》解决了四种情形。

1. 已知勾与股弦差，求股、弦

勾股章引葭(jiā，初生的芦苇)赴岸、系索、倚木于垣、勾股锯圆材、开门去阃(kǔn，门槛)等问都是已知勾与股弦差，求股、弦的问题。以引葭赴岸问(答案略)为例。

今有池方一丈，葭生其中央，出水一尺。引葭赴岸，适与岸齐。问：水深、葭长各几何？

术曰：半池方自乘，以出水一尺自乘，减之。余，倍出水除之，即得水深。加出水数，得葭长。

如图 2-3-21 所示，池方之一半为勾，葭长为弦，出水就是股弦差。这里实际上应用了公式：

$$b = [a^2 - (c-b)^2] \div 2(c-b) \tag{2-3-25}$$

$$c = b + (c-b)$$

(a) 摘自杨辉本

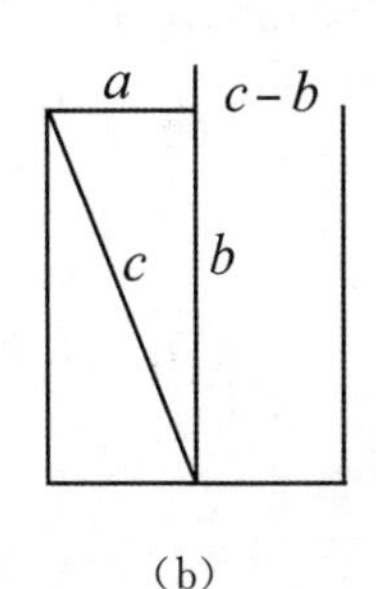

(b)

图 2-3-21　引葭赴岸

20 世纪许多趣味数学读物中的印度莲花问题，实际上与此问属于同一类型，是拜斯迦罗(Bhaskara，1114—1185)提出的，但较我国晚提出一千余年。

2. 已知勾与股弦和，求股、弦

勾股章竹高折地问是已知勾与股弦和求股的问题(答案略)：

今有竹高一丈，末折抵地，去本三尺。问：折者高几何？

术曰：以去本自乘，令如高而一。所得，以减竹高而半余，即折者之高也。

如图 2-3-22 所示，去本是勾，竹高就是股弦和，折者就是股。这里实际上应用了公式：

$$b=\frac{1}{2}\{(c+b)-[a^2\div(c+b)]\} \tag{2-3-26}$$

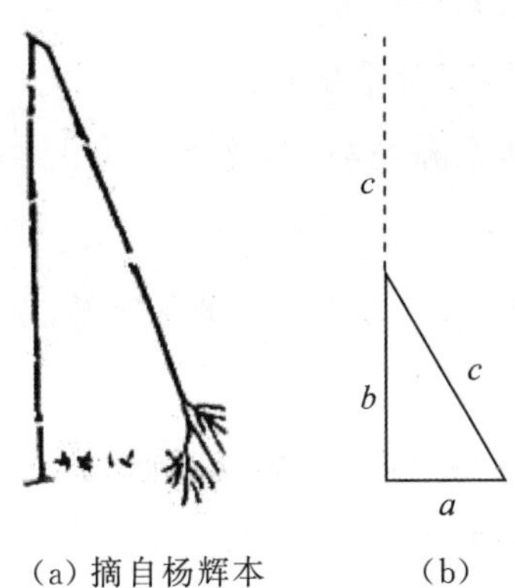

(a) 摘自杨辉本　　(b)

图 2-3-22　竹高折地

3. 已知弦与勾股差，求勾、股

勾股章户高多于广问是这类问题(答案略)：

今有户高多于广六尺八寸，两隅相去适一丈。问：户高、广各几何？

术曰：令一丈自乘为实。半相多，令自乘，倍之，减实。半其余，以开方除之。所得，减相多之半，即户广；加相多之半，即户高。

如图 2-3-23 所示，户广是勾，户高是股，两隅相去就是弦。这里实际上应用了公式：

$$
\begin{aligned}
a&=\sqrt{\frac{1}{2}\left\{c^2-2\times\left[\frac{1}{2}(b-a)\right]^2\right\}}-\frac{b-a}{2}\\
b&=\sqrt{\frac{1}{2}\left\{c^2-2\times\left[\frac{1}{2}(b-a)\right]^2\right\}}+\frac{b-a}{2}
\end{aligned}
\qquad (2\text{-}3\text{-}27)
$$

图 2-3-23　户高多于广

4. 已知勾弦差、股弦差，求勾、股、弦

这类问题也只有一个题目，即持竿出户问：

今有户不知高、广，竿不知长短。横之不出四尺，从之不出二尺，邪之适出。问：户高、广、袤各几何？

术曰：从、横不出相乘，倍，而开方除之。所得，加从不出，即户广；加横不出，即户高；两不出加之，得户袤。

如图 2-3-24 所示，户广是勾，户高是股，户袤就是弦。这里实际上应用了公式：

$$
\begin{aligned}
a &= \sqrt{2(c-a)(c-b)}+(c-b)\\
b &= \sqrt{2(c-a)(c-b)}+(c-a)\\
c &= \sqrt{2(c-a)(c-b)}+(c-a)+(c-b)
\end{aligned}
\qquad (2\text{-}3\text{-}28)
$$

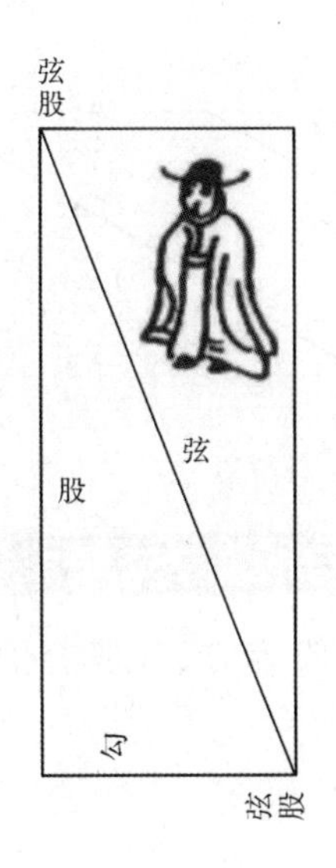

图 2-3-24　持竿出户

(三) 勾股数组

勾股数组，又称整数勾股形，是指满足式(2-3-22)的所有正整数解。自古希腊起，人们就寻求勾股数的通解公式，包括毕达哥拉斯、柏拉图、欧几里得等大师在内，其成果都不理想。一般认为，西方最先给出其通解公式的是3世纪的丢番图。实际上《九章算术》勾股章"二人同所立""二人俱出邑中央"问已经使用了勾股数通解公式。前者是(答案略)：

> 今有二人同所立。甲行率七，乙行率三。乙东行。甲南行十步而邪东北与乙会。问：甲、乙行各几何？
>
> 术曰：令七自乘，三亦自乘，并而半之，以为甲邪行率。邪行率减于七自乘，余为南行率。以三乘七为乙东行率。置南行十步，以甲邪行率乘之。副置十步，以乙东行率乘之，各自为实。实如南行率而一，各得行数。

刘徽说："此以南行为勾，东行为股，邪行为弦。并勾弦率七。"如图 2-3-25 所示。此问设$(c+a):b=7:3$。若以m表示并勾弦率，n表示股率，即$(c+a):b=m:n$，术文便是：

$$a:b:c=\frac{1}{2}(m^2-n^2):mn:\frac{1}{2}(m^2+n^2) \tag{2-3-29}$$

现代数论证明，若m,n互素，则式(2-3-29)就是勾股数组的通解公式。而在这个题目中，$m:n=7:3$，在后者中$m:n=5:3$，其中m,n皆互素，说明《九章算术》的编纂者对式(2-3-29)作为勾股数组的通解公式的条件已有某种认识。

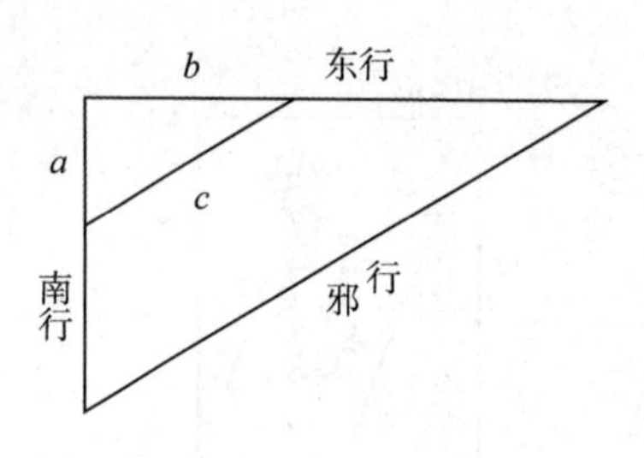

图 2-3-25　二人同所立

四、勾股容方、勾股容圆

《九章算术》勾股章提出了勾股容方、勾股容圆问题，开中国古代此项研究之先河。

(一) 勾股容方

勾股容方是已知勾股形的勾、股，求勾股形所容的正方形的边长，如图 2-3-26 所示。《九章算术》提出的求所容正方形边长的方法是：

> 术曰：并勾、股为法，勾、股相乘为实。实如法而一，得方一步。

设勾股形所容之正方形的边长为 d，这就是：

$$d=\frac{ab}{a+b} \tag{2-3-30}$$

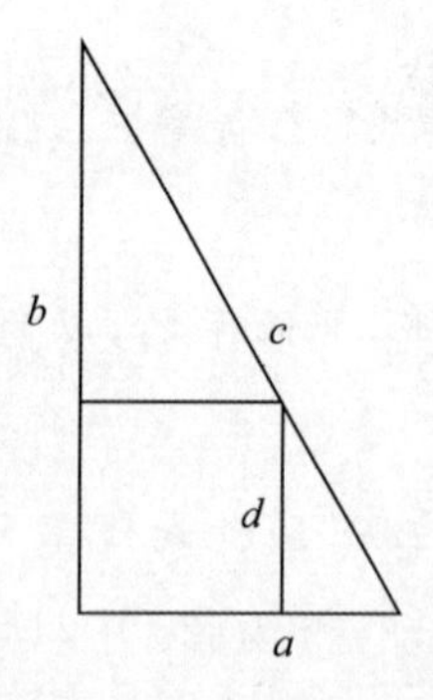

图 2-3-26　勾股容方

(二) 勾股容圆

勾股容圆是已知勾股形的勾、股，求勾股形的内切圆的直径，如图 2-3-27 所示。已知勾、股，由勾股术可以求出弦，则求所容圆的直径的方法是：

> 术曰：…… 三位并之为法。以勾乘股，倍之为实。实如法得径一步。

此即

$$d=\frac{2ab}{a+b+c} \tag{2-3-31}$$

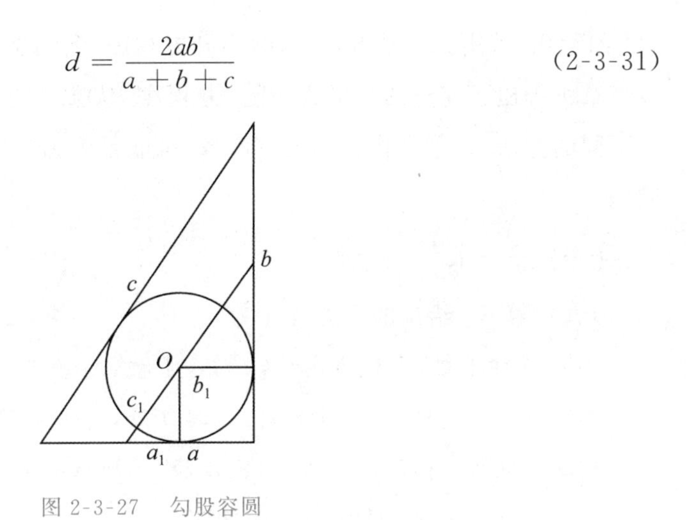

图 2-3-27　勾股容圆

第四节　开方术、正负术、方程术与数列

现今的方程是 equation(拉丁文 oequatio) 的翻译。oequatio 有相等的意思,即含有未知数的等式,它相当于中国古代的开方式,与中国古代"方程"的含义不同。equation 在清初译作相等式;在 1859 年李善兰和伟烈亚力合译棣么甘《代数学》时译为"方程";1872 年,华衡芳和傅兰雅合译华里司《代数术》时译为"方程式"。1934 年,数学名词委员会确定用"方程(式)"表示 equation,而用线性方程组表示中国古代的"方程"。1956 年,科学出版社出版《数学名词》,确定用"方程"表示 equation,而用线性方程组表示中国古代的方程,最终改变了中国古典数学术语"方程"的含义。

一、开方术

今之开方,一般仅指求形如 $x^n=A(n\geqslant 2)$ 的二项方程的根的过程,而将形如 $a_0x^n+a_1x^{n-1}+\cdots+a_{n-1}x=A$ 的等式称为方程。中国古代对这两种过程都称之为开方,甚至在金元时期对 $n=1$ 的情形也称为"开无隅平方而一"。今之开平方法,汉魏南北朝时期称之为开方术,其开方过程称之为"开方除之"或"开方除",赝本《夏侯阳算经》始称为"开平方除"。开立方,古代称之为"开立方除之"或"开立方除"。宋元时期将开方术推广到开 n 次($n\geqslant 4$)方,则称之为"开 $n-1$ 乘方",或"开 $n-1$ 乘方除之",或"$n-1$ 乘方开之"。

开方术是什么时候产生的,无可稽考。《周髀算经》中陈子用勾股定理求"邪至日”的距离，就用到开平方，但未给出开方程序，大约是不言自明的。《九章算术》则在少广章中提出了完整的开平方、开立方程序。从数学方法上讲，开方术与少广术是两类不同的方法。编纂者将其列入少广章，可能是因为它们都是面积(或体积)的逆运算问题。

(一) 开方术

《九章算术》给出的开方程序为

> 开方术曰：置积为实。借一算，步之，超一等。议所得，以一乘所借一算为法，而以除。除已，倍法为定法。其复除，折法而下。复置借算，步之如初。以复议一乘之，所得，副以加定法，以除。以所得副从定法。复除，折下如前。

这是一个具有普遍性的开平方程序：

① 作四行布算：第一行是“议得”，即根。第二行布置积，称为实，即被开方数。第三行是法。在最下一行的个位上布置一枚算筹，表示未知数的平方，称为“借算”。设实为 A，这实际上赋予所列筹式以一个二次代数方程的意义：

$$x^2 = A$$

② 将借算自右向左移动，隔一位移一步，移到与实的最高位(当 A 的位数 n 为奇数时)或次高位(当 n 为偶数时)对齐为止(以下设 A 的位数 n 为奇数)。

③ 议得根的第一位得数 a_1，使其一次方乘借算为法：$10^{n-1}a_1$，并且，以法除实时，其商的整数部分恰好为 a_1。即 $A \div 10^{n-1}a_1 = a_1 + \dfrac{A_1}{10^{n-1}a_1}$，其中 A_1 为余实。同时，借算自动消失。

④ 为求根的第二位得数，将法加倍：$2 \times 10^{n-1}a_1$，作为定法。将法退一位。再在下行个位上布置借算。

⑤ 像②那样，将借算自右向左移动，隔一位移一步，相当于求方程 $10^{n-3}x_2^2 + 2 \times 10^{n-2}a_1x_2 = A_1$ 的正根。

⑥ 复议得根的第二位得数 a_2，在旁边以 a_2 的一次方乘借算得 $10^{n-3}a_2$，加到定法上，为 $2 \times 10^{n-2}a_1 + 10^{n-3}a_2$，同样，使得 $A_1 \div (2 \times 10^{n-2}a_1 + 10^{n-3}a_2) = a_2 + \dfrac{A_2}{2 \times 10^{n-2}a_1 + 10^{n-3}a_2}$。其中 A_2 亦为余实。如此继续下去。

值得注意的是，此处“而以除”中的“除”，不是以第一位得数的平方减实，即不是 $A - a_1^2$，而是“以法除实”。“法”“实”都是除法中的意义。这就是将开方过程称作“开方除之”的原因。

《九章算术》还对开方中出现的几种情况提出了处理方法：当开方不尽时，《九章算术》称为不可开，“当以面命之”，即以其根命名一个分数。此处的面指$\sqrt{A}$。当A可开时，面$\sqrt{A}$就是有理数，当A不可开时，面$\sqrt{A}$就是无理数。当被开方数是分数时，要通分内子。若分母为完全平方数，则分别开分子、分母，然后相除，即$\sqrt{\frac{B}{C}}=\frac{\sqrt{B}}{\sqrt{C}}$。若分母不可开时，则以分母乘分子，开分子后，再相除，即$\sqrt{\frac{B}{C}}=\sqrt{\frac{BC}{C^2}}=\frac{\sqrt{BC}}{C}$。

显然有了以上的程序和处理方法，可以对任何一个数开平方。

《九章算术》把开方术应用于已知圆面积求圆周的问题，提出了开圆术。

（二）开带从平方

《九章算术》勾股章“邑方出南北门”问要用开带从平方解决，即求解形如$x^2+bx=c$，$b\geqslant 0$，$c\geqslant 0$的正根。此题是（答案略）：

> 今有邑方不知大小，各中开门。出北门二十步有木，出南门一十四步，折而西行一千七百七十五步见木。问：邑方几何？
>
> 术曰：以出北门步数乘西行步数，倍之，为实。并出南、北门步数，为从法。开方除之，即邑方。

如图2-4-1所示，设邑方FG，北门D，北门外之木为B，南门E，折西处为C，西行见木处为A，设FG为x，BD为k，EC为l，AC为m，《九章算术》的术文表示用二次方程

$$x^2+(k+l)x=2km \tag{2-4-1}$$

求邑方FG。《九章算术》未给出开带从平方程序。但是，开方术从求根的第二位得数起，便是求形如$x^2+bx=c(b\geqslant 0,c\geqslant 0)$的方程的正根的程序。

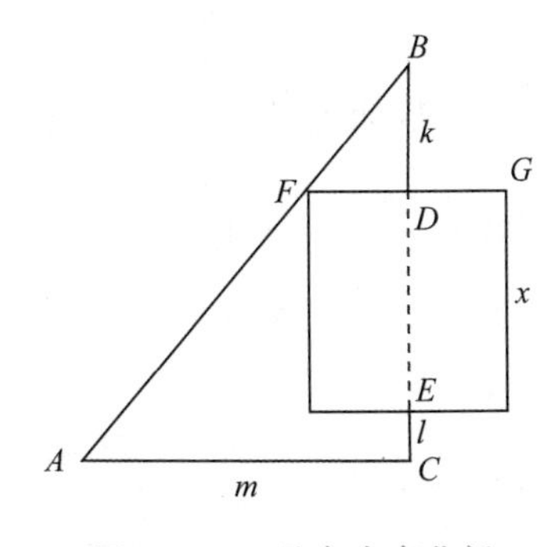

图2-4-1　邑方出南北门

(三) 开立方术和开立圆术

1. 开立方术

《九章算术》开立方术是：

开立方术曰：置积为实。借一算，步之，超二等。议所得，以再乘所借一算为法，而除之。除已，三之为定法。复除，折而下。以三乘所得数，置中行。复借一算，置下行。步之，中超一，下超二等。复置议，以一乘中，再乘下，皆副以加定法。以定除，除已，倍下、并中，从定法。复除，折下如前。

这也是一个具有普适性的开方程序，其原理与开方术一致，不再重复术文的阐释。

与开平方的情形一样，《九章算术》也提出开立方中几种情形的处理方法：

开之不尽者，亦为不可开。若积有分者，通分内子为定实。定实乃开之。讫，开其母以报除。若母不可开者，又以母再乘定实，乃开之。讫，令如母而一。

《九章算术》也提出了不可开的问题，虽未说如何处理，应该与开平方时的情形一样，"以面命之"。

同样，当被开方数是分数时，《九章算术》提出：若被开方数是带分数：$A=c+\dfrac{b}{a}$，a为完全立方数，则$\sqrt[3]{A}=\dfrac{\sqrt[3]{ac+b}}{\sqrt[3]{a}}$。若$a$不可开，即$a$为非完全立方数，则以$a^2$乘分子、分母，那么$A=c+\dfrac{b}{a}=\dfrac{ac+b}{a}=\dfrac{(ac+b)\,a^2}{a^3}$，则$\sqrt[3]{A}=\dfrac{\sqrt[3]{(ac+b)\,a^2}}{a}$。

谨以少广章开方术第3个例题说明"积有分"时的开立方程序：

又有积六万三千四百一尺五百一十二分尺之四百四十七。问：为立方几何？

此即求解$\sqrt[3]{63401\dfrac{447}{512}}$。先将被开方数通分：$\sqrt[3]{63401\dfrac{447}{512}}=\sqrt[3]{\dfrac{32461759}{512}}$。将分母、分子分别开立方：分母开立方得：$\sqrt[3]{512}=8$。分子开立方得：$\sqrt[3]{32461759}=319$，因此

$$\sqrt[3]{63401\frac{447}{512}}=\sqrt[3]{\frac{32461759}{512}}=\frac{319}{8}=39\frac{7}{8}$$

求$\sqrt[3]{32461759}=319$的程序是：

① 作五行布算：第一行记议得，即根。第二行布置32461759，作为实。第三行留作

法，第四行留作中行。最下行于个位上布置借算 1。这就赋予开方式以一个三次方程的意义：

$$x^3 = 32461759$$

② 将借算由个位自右向左移动，隔两位移一步，移两步，至百万位，不能再移，说明根是三位数。它表示代数方程

$$10^6 x_1^3 = 32461759$$

③ 于百位之上，议得根的第一位得数 3，使得借算乘 3 的平方 $10^6 \times 3^2$ 除实所得商的整数部分恰为 3：

$$32461759 \div (10^6 \times 3^2) = 3 + \frac{5461759}{10^6 \times 3^2}$$

④ 以 3 乘 $10^6 \times 3^2$，得 $3 \times 10^6 \times 3^2$，为定法。为了进行求第二位得数的除法，将其退一位：$3 \times 10^5 \times 3^2$。

⑤ 以 3 乘 3，布置于中行。再借一算布置于下行个位。

⑥ 使中行 3×3 自右向左移动，隔一位移一步，借一算隔二位移一步。这相当于减根方程：

$$10^3 x_2^3 + 3 \times 10^4 \times 3 x_2^2 + 3 \times 10^5 \times 3^2 x_2 = 5461759$$

⑦ 于十位上议得根的第二位得数 1，在中行、下行的旁边计算 $3 \times 10^4 \times 3 \times 1$，及 $10^3 \times 1^2$，加到定法 $3 \times 10^5 \times 3^2$ 上，为

$$(3 \times 10^5 \times 3^2) + (3 \times 10^4 \times 3 \times 1) + (10^3 \times 1^2) = 2791000$$

使得以它除实 5461759 所得商的整数部分恰为 1：

$$5461759 \div 2791000 = 1 + \frac{2670759}{2791000}$$

⑧ 以 2 乘下行 $10^3 \times 1^2$，得 $2 \times 10^3 \times 1^2$，以 1 乘中行得 $3 \times 10^4 \times 3 \times 1$，加到定法上，定法成为

$$(3 \times 10^5 \times 3^2) + (6 \times 10^4 \times 3 \times 1) + (3 \times 10^3 \times 1^2) = 2883000$$

定法退一位，中行退二位。

⑨ 以 3 乘第 2 位得数 1，得 $3 \times 10 \times 1$，加入中行，中行成为

$$(3 \times 10^2 \times 3 \times 1) + (3 \times 10 \times 1) = 930$$

再借一算布置于下行个位，不再步之。这相当于求减根方程

$$x_3^3 + [(3 \times 10^2 \times 3 \times 1) + (3 \times 10 \times 1)] x_3^2 + [(3 \times 10^4 \times 3^2) + (6 \times 10^3 \times 3 \times 1) + (3 \times 10^2 \times 1^2)] x_3 = 2670759$$

求方程

$$x_3^3 + 930\,x_3^2 + 288300\,x_3 = 2670759$$

⑩ 议得第三位得数 9，布置在个位数上。以 9 的一次方乘中行 $(3\times10^2\times3\times1)+(3\times10\times1)$，得 $[(3\times10^2\times3\times1)+(3\times10\times1)]\times9$。以其与 9 的二次方 9^2，加到定法上，得

$$9^2+[(3\times10^2\times3\times1)+(3\times10\times1)]\times9+3\times10^4\times3^2+$$
$$6\times10^3\times3\times1+3\times10^2\times1^2=296751$$

作为法，除实 2670759，恰得 9，无剩余。因此分子开立方

$$\sqrt[3]{32461759}=319$$

2. 开立圆术

《九章算术》把开立方术应用于已知球体积求球直径的问题，提出了开立圆术：

> 开立圆术曰：置积尺数，以十六乘之，九而一。所得，开立方除之，即立圆径。

立圆即球。若 d 为球径，V 为球体积，《九章算术》认为：

$$d=\sqrt[3]{\frac{16V}{9}} \tag{2-4-2}$$

刘徽指出这个公式是错误的，后面还要详细讨论这个问题。

《九章算术》的开方术是世界上最早的多位数开方程序。它奠定了中国开方术的基础。开方术后来经过刘徽、祖冲之、王孝通、贾宪、刘益、秦九韶、李冶、杨辉、朱世杰等的不断改进、发展，成为中国古典数学的一个重要分支，取得了具有世界意义的重大成就。

二、正负术

引入负数，提出正负数的加减法则，是中国古代的重要成就。

《算数书》医条中有“负几何”“负十七算二百六十九分算十一”“负算”等概念，使用了负数。不过，也有学者认为此处的“负”不是“负数”，而是“负担”。

《九章算术》方程章通过两种途径引入负数，一是正系数方程在消元过程中会以大减小，出现负数；二是有的方程本身就是负数方程。负数的引入是数系的又一重要扩展。

《九章算术》方程章提出了正负数完整的加减法则：

正负术曰：同名相除，异名相益。正无人负之，负无人正之。其异名相除，同名相益。正无人正之，负无人负之。

名，名分，这里表示数的符号。同名即同号，异名即异号。除是减的意思，益是加的意思。“无人”即“无偶”“无对”。前四句是正负数减法法则。设 a,b 皆为正数。若两者是同号的，则其绝对值相减：

$$(\pm a)-(\pm b)=\pm(a-b),\quad a\geqslant b$$

$$(\pm a)-(\pm b)=\mp(b-a),\quad a\leqslant b$$

若两者是异号的，则其绝对值相加：

$$(\pm a)-(\mp b)=\pm(a+b)$$

若正数没有与之相减的数，则为负数：

$$0-a=-a,\quad a>0$$

若负数没有与之相减的数，则为正数：

$$0-(-a)=a,\quad a>0$$

后四句是正负数加法法则。若两者是异号的，则其绝对值相减：

$$(\pm a)+(\mp b)=\pm(a-b),\quad a\geqslant b$$

$$(\pm a)+(\mp b)=\mp(b-a),\quad a\leqslant b$$

若两者是同号的，则其绝对值相加：

$$(\pm a)+(\pm b)=\pm(a+b)$$

若正数没有与之相加的数，则为正数：

$$0+a=a,\quad a>0$$

若负数没有与之相加的数，则为负数：

$$0+(-a)=-a,\quad a>0$$

《九章算术》没有提出正负数的乘除法则，但在实际上有大量正负数乘除法的运算。现存中国古典数学著作中首次明确提出正负数乘法法则的是元代朱世杰的《算学启蒙》。

中国负数概念和正负数加减法则的提出比其他文化传统超前几个世纪，甚至上千年。公元 628 年，印度婆罗门笈多(Brahmagupta)使用负数表示欠债，使用正数表示所有。他是中国以外最早使用负数的学者。后来，负数传入欧洲，15—17 世纪许多学者还不承认负数是数。

三、方程术

方程术是《九章算术》最杰出的数学成就。方程章第一问提出方程术，是全章的纲。第二问提出“损益”，是列方程的方法。第三问提出正负术，是解决消元过程中或方程本身出现负数时的处理方法，是方程术的必要补充。这三问之后的问题的解决，或者“如方程，损益之”，或者“如方程，以正负术入之，”或者是这三者的结合，只有第7问，第9问仅说“如方程”。

(一) 方程

魏刘徽《九章算术注》云：

> 程，课程也。群物总杂，各列有数，总言其实。令每行为率，二物者再程，三物者三程，皆如物数程之。并列为行，故谓之方程。行之左右无所同存，且为有所据而言耳。

“方”的本义是指用竹木并合编成的筏，汉代许慎《说文解字》云：“方，并船也。”引申为并。程的本义是度量名。许慎《说文解字》云：“十发为程，十程为分。”引申为事物的标准。《荀子·致仕》云：“程者，物之准也。”《九章算术》中“冬程人功”“程粟”等，秦汉数学简牍中“程禾”“程竹”等，都是指某种标准度量。程，又引申为计量、考核。因此，“方程”的本义就是“并而程之”，即把诸物之间的各数量关系并列起来，考核其度量标准。一个数量关系排成一行，像一支竹，把它们一行行并列起来，恰似一条竹筏，这正是方程的形状。明代之后，直到20世纪80年代初，学术界关于“方程”的界定都背离了其本义。

(二) 方程术

《九章算术》方程章第1问是(答案略)：

> 今有上禾三秉，中禾二秉，下禾一秉，实三十九斗；上禾二秉，中禾三秉，下禾一秉，实三十四斗；上禾一秉，中禾二秉，下禾三秉，实二十六斗。问：上、中、下禾实一秉各几何？
>
> 方程术曰：置上禾三秉，中禾二秉，下禾一秉，实三十九斗，于右方。中、左禾列如右方。以右行上禾遍乘中行，而以直除。又乘其次，亦以直除。然以中行中禾不尽者遍乘左行，而以直除。左方下禾不尽者，上为法，下为实。实即下禾之实。求中禾，以法乘中行下实，而除下禾之实。余，如中禾秉数而一，即中禾之实。求上禾，亦以法乘右行下实，而除下禾、中禾之实。余，如上禾秉

数而一，即上禾之实。实皆如法，各得一斗。

这是线性方程组的普遍解法。只是当时用“空言”，即抽象的语言，难以表达清楚，因而借助于禾实来阐述，正如刘徽所说：“此都术也。以空言难晓，故特系之禾以决之。”因而我们仍借助禾实阐释。

① 首先列出方程。若以 x,y,z 分别表示上、中、下禾各一秉的实的斗数，它相当于线性方程组：

$$3x+2y+z=39 \tag{2-4-3}$$

$$2x+3y+z=34 \tag{2-4-4}$$

$$x+2y+3z=26 \tag{2-4-5}$$

② 以右行上禾系数3乘左行、中行的所有的项，减去右行，即3×式(2-4-5)－式(2-4-3)，3×式(2-4-4)－式(2-4-3)，一直减至左行、中行上禾的系数为0。方程组变成：

$$3x+2y+z=39$$

$$5y+z=24 \tag{2-4-6}$$

$$4y+8z=39 \tag{2-4-7}$$

③ 再以中行中禾新的系数5，乘左行所有的项，减去中行，即5×式(2-4-7)－式(2-4-6)，一直减至左行中禾的系数为0，方程组变成：

$$3x+2y+z=39$$

$$5y+z=24$$

$$4z=11 \tag{2-4-8}$$

④ 式(2-4-8)中 z 的系数4称为法，11就是4秉下禾之实。以法4乘中行下实24，减去下禾之实11，再除以中禾秉数5，即 $(24\times4-11)\div5=17$，就得到4秉中禾之实；以法4乘右行下实39，减去下禾之实11及中禾之实 17×2，再除以上禾秉数3，即 $(39\times4-11-17\times2)\div3=37$，就得到4秉上禾之实37。方程组变成：

$$4x=37$$

$$4y=17$$

$$4z=11$$

皆以法除实，得

$$\text{上禾一秉实}\quad x=9\frac{1}{4}\text{斗}$$

$$中禾一秉实\quad y=4\frac{1}{4}斗$$

$$下禾一秉实\quad z=2\frac{3}{4}斗$$

其筹式(我们用阿拉伯数字代替算筹数字)如下：

1	2	3			3			3			4
2	3	2	4	5	2		5	2		4	
3	1	1	8	1	1	4	1	1	4		
26	34	39	39	24	39	11	24	39	11	17	37
	①			②			③			④	

方程术有几个特点。首先，方程的建立及消元变换采用位值制记法，每个数字不必标出它是什么物品的系数，而是用所在的位置表示出来，与现代数学中的分离系数法完全一致。

其次，《九章算术》方程的表示，相当于列出其增广矩阵，其消元过程相当于矩阵变换。上述筹式 ① ～ ④ 相当于现今增广矩阵的变换。

再次，这里不用互乘相消法消元，而是用直除法。所谓直除就是整行与整行对减。它比后来刘徽创造的互乘相消法烦琐，其实质却是相同的，都符合现代数学中矩阵变换的理论。

另外，方程术并未自始至终地使用直除法。它在求出一未知数的答案之后，采用从该行的实中减去已求出的未知数的相应的值的方法求另外的未知数，相当于现今的代入法。

(三) 损益

损益是在方程章第 2 问解法中提出的，是《九章算术》建立方程时要用到的重要方法。该问是(答案略)：

> 今有上禾七秉，损实一斗，益之下禾二秉，而实一十斗；下禾八秉，益实一斗，与上禾二秉，而实一十斗。问：上、下禾实一秉各几何？
>
> 术曰：如方程。损之曰益，益之曰损。损实一斗者，其实过一十也；益实一斗者，其实不满一十斗也。

“损之曰益”是说关系式一端减损某量，相当于另一端增益同一量；同样，“益之曰损”是说关系式一端增益某量，相当于另一端减损同一量。损益之说本是先秦哲学家的一种辩证思想。《周易·损》云:“损下益上,其道上行。”《老子·四十二章》云:“物或损之而益,或益之而损。”《九章算术》虽没有赋予“损益术”之名,但从许多题目声明“损益之”来看,它与正负术等术文具有同等的功能。

由第2问题设,设上、下禾实分别是 x,y,先列出关系式:

$$(7x-1)+2y=10$$

$$2x+(8y+1)=10$$

原关系式通过损益之,变成方程:

$$7x+2y=11$$

$$2x+8y=9$$

显然,“损益之”相当于现今将常数项由关系式的一端移到另一端,移项后改变符号。这是将常数项损益的情况。

第6问是:

今有上禾三秉,益实六斗,当下禾一十秉;下禾五秉,益实一斗,当上禾二秉。问:上、下禾实一秉各几何?

设上、下禾实分别是 x,y,依题设,列出关系式:

$$3x+6=10y$$

$$5y+1=2x$$

互其算,得

$$3x-10y=-6$$

$$-2x+5y=-1$$

既有常数项的损益,又有未知数的损益。所列出的方程的实为负数,突破了实为正数的限制。

第11问是更为复杂的情形。题设是:

今有二马、一牛价过一万,如半马之价;一马、二牛价不满一万,如半牛之价。问:牛、马价各几何?

其术文很简单:

术曰:如方程,损益之。

设马、牛价分别是 x,y,依题设,列出关系式:

$$(2x+y)-10000=\frac{1}{2}x$$

$$10000-(x+2y)=\frac{1}{2}y$$

损益之，为

$$1\frac{1}{2}x+y=10000$$

$$x+2\frac{1}{2}y=10000$$

其中既有未知数和常数项的互其算，又有未知数的合并同类项，还有通分内子。

这些例子都表明，损益术是方程术必不可少的辅助方法。

一般认为，代数“algebra”来自阿拉伯文 al-jabr，是因为花剌子米（al-Khwārizmi，约 780— 约 850）写了一部代数著作《算法与代数学》（*al-Kitāb al-mukhta sarfi hisab al-jabr wa al-muquābala*）。al-jabr 在阿拉伯文中的意思是“还原”或“移项”，解方程时将负项由一端移到另一端，变成正项，就是“还原”；wa al-muquābala 指“对消”，即将两端相同的项消去或合并同类项。显然，花剌子米使用的还原与合并同类项，与《九章算术》损益的意义相同，但晚了一千年左右。

（四）正负术在方程术中的应用

正负术在《九章算术》中只用于解方程，其行文用“如方程，以正负术入之”表示。第 3 问本来是一个正系数方程。题目（答案略）是：

> 今有上禾二秉，中禾三秉，下禾四秉，实皆不满斗。上取中、中取下、下取上各一秉而实满斗。问：上、中、下禾实一秉各几何？
>
> 术曰：如方程。各置所取。以正负术入之。

列出方程就是：

$$\begin{array}{ccc}1 & 0 & 2\\0 & 3 & 1\\4 & 1 & 0\\1 & 1 & 1\end{array}$$

设上、中、下禾一秉实分别是 x,y,z，即现今的线性方程组：

$$\begin{aligned}2x+y\quad\quad &=1\\3y+z &=1\\x+\quad\quad 4z &=1\end{aligned}$$

以右行上位系数 2 乘左行，减去右行，左行上位为 0，中位为 $0-1=-1$，方程化为

$$\begin{matrix} 0 & 0 & 2 \\ -1 & 3 & 1 \\ 8 & 1 & 0 \\ 1 & 1 & 1 \end{matrix}$$

即

$$\begin{aligned} 2x + y \quad &= 1 \\ 3y + z &= 1 \\ -y + 8z &= 1 \end{aligned}$$

左行中位出现系数 -1。以中行中位系数 3 乘左行，与中行相加，左行中位为 $-1\times 3+3=0$，下位 25 为法，下禾之实为 4。方程化为

$$\begin{matrix} 0 & 0 & 2 \\ 0 & 3 & 1 \\ 25 & 1 & 0 \\ 4 & 1 & 1 \end{matrix}$$

即

$$\begin{aligned} 2x + y \quad &= 1 \\ 3y + z &= 1 \\ 25z &= 4 \end{aligned}$$

以法 25 乘中行实 1 得 25，减下禾实 4，除以中禾乘数 3 得 7。中行变为 $25y=7$。又以法 25 乘右行实 1 得 25，减中禾实 7，除以上禾乘数 2，右行变成 $25x=9$。方程变成：

$$\begin{matrix} 0 & 0 & 25 \\ 0 & 25 & 0 \\ 25 & 0 & 0 \\ 4 & 7 & 9 \end{matrix}$$

即

$$\begin{aligned} 25x &= 9 \\ 25y &= 7 \\ 25z &= 4 \end{aligned}$$

第 8 问(答案略) 建立的方程本身就含有负系数：

今有卖牛二、羊五，以买一十三豕，有余钱一千；卖牛三、豕三，以买九羊，钱适足；卖六羊、八豕，以买五牛，钱不足六百。问：牛、羊、豕价各几何？

术曰：如方程。置牛二、羊五正，豕一十三负，余钱数正；次，牛三正，羊九负，豕三正；次，五牛负，六羊正，八豕正，不足钱负。以正负术入之。

损益之，互其算，建立方程：

$$\begin{array}{rrr} -5 & 3 & 2 \\ 6 & -9 & 5 \\ 8 & 3 & -13 \\ -600 & 0 & 1000 \end{array}$$

设牛、羊、豕价分别是 x,y,z，即现今的线性方程组：

$$\begin{aligned} 2x + 5y - 13z &= 1000 \\ 3x - 9y + 3z &= 0 \\ -5x + 6y + 8z &= -600 \end{aligned}$$

在应用直除法时，不仅使用了正负数加减法则，还使用了正负数的乘法、除法。

四、等差数列

《周髀算经》《九章算术》和秦汉数学简牍中有大量数列问题，其中最重要的是等差数列。《周髀算经》和秦汉数学简牍的数列都很简单。《九章算术》的等差数列分别在衰分章、均输章、盈不足章，大部分用衰分术求各项。盈不足章的良驽二马问给出了等差数列前 n 项和的公式。

《九章算术》均输章的“金棰”“五人分五钱”“九节竹”等问题在用衰分术求解之前，都用很巧妙的方法求出列衰，很有特色。“五人分五钱”问（答案略）是：

今有五人分五钱，令上二人所得与下三人等。问：各得几何？

术曰：置钱，锥行衰。并上二人为九，并下三人为六。六少于九，三。以三均加焉。副并为法。以所分乘未并者，各自为实。实如法得一钱。

刘徽认为，所谓锥行衰就是以 5,4,3,2,1 为列衰。上 2 人之和是 9，下 3 人之和是 6，上比下少 1 人，而其和却多 3。若每人都加 3，仍是锥行衰，却以 8,7, 6, 5, 4 作为列衰，则上 2 人与下 3 人相等。用衰分术，以此作为列衰，便求出各人应分得的钱数为 $1\frac{2}{6}$，$1\frac{1}{6}$，1，$\frac{5}{6}$，$\frac{4}{6}$，这是公差为 $\frac{1}{6}$ 的等差数列。

刘徽认为,“五人分五钱”类的问题,也可以用“九节竹”问题的方法解决。“九节竹”问(答案略)是:

> 今有竹九节,下三节容四升,上四节容三升。问:中间二节欲均容,各多少?
>
> 术曰:以下三节分四升为下率,以上四节分三升为上率。置四节、三节,各半之,以减九节,余为法。实如法得一升,即衰相去也。下率一升少半升者,下第二节容也。

这里是先求出公差,《九章算术》称为“衰相去”,即相邻两节之差。为此,先求出下率:$\frac{4}{3}$升,是下三节的中间一节所容,即下第二节所容;上率:$\frac{3}{4}$升,是上四节的中间一节所容。下三节的中间与上四节的中间相距为:9 节 $-$ (3 节 $\times \frac{1}{2} +$ 4 节 $\times \frac{1}{2}$) $= 5\frac{1}{2}$ 节;下率 $-$ 上率 $= \frac{4}{3}$ 升 $- \frac{3}{4}$ 升 $= \frac{7}{12}$ 升,是中间 $5\frac{1}{2}$ 节的总差;所以,相邻两节之差 $= \frac{7}{12}$ 升 $\div 5\frac{1}{2} = \frac{7}{66}$ 升,便是公差。下第二节容$\frac{4}{3}$升,依次加减公差$\frac{7}{66}$升,便得到$1\frac{29}{66}$升,$1\frac{22}{66}$升,$1\frac{15}{66}$升,$1\frac{8}{66}$升,$1\frac{1}{66}$升,$\frac{60}{66}$升,$\frac{53}{66}$升,$\frac{46}{66}$升,$\frac{39}{66}$升为各节所容。这也是一个等差数列。

《九章算术》盈不足章“良驽二马”问“求良马行者”与“求驽马行者”的术文给出了前 n 项和的公式:

$$S_n = \left(a_1 + \frac{n-1}{2}d\right)n \tag{2-4-9}$$

以及等差数列第 n 项a_n:

$$a_n = a_1 + (n-1)d$$

其中a_1 是首项,在本题是良、驽二马第一日所行;d 是公差,在本题是良马日疾里数或驽马日迟里数。若 $d > 0$,便是良马的情形;若 $d < 0$,便是驽马的情形。这是中国数学史上第一次给出等差级数的第 n 项的公式及前 n 项和的公式。

第三章

中国古典数学理论体系的完成

——东汉末至唐中叶的数学

第一节　东汉末至唐中叶数学概论

一、魏晋数学的发展与辩难之风

东汉末年至唐中叶，尤其魏晋，是中国古典数学理论体系形成的时期。

东汉末年起，庄园农奴制成为魏晋经济的主要形态，门阀世族取代了秦汉的世家地主占据了政治舞台的中心，思想界面临着一次大解放，以谈“三玄”(《周易》《老子》《庄子》) 为主的辩难之风取代了烦琐的两汉经学，中国社会进入一个新的阶段。而在曹操统一北方之后的 90 余年间，中原地区、长江中下游、巴蜀地区社会相对稳定，社会经济得到一定程度的恢复发展。尤其是长江中下游经济崛起，开始超越北方。这些都促进了数学的发展。

玄学家探讨“理胜”和思维规律，互相辩难、析理，析理的命题大都十分抽象，抽象思维能力得到空前发展。刘徽注《九章算术》的宗旨便是“解体用图，析理以辞”。刘徽对数学概念进行定义，追求概念的明晰；对《九章算术》的命题进行证明或驳正，追求推理的正确、证明的严谨，并且遵循简约的原则，等等，与思想界的析理是一致的。

尽管魏晋时间跨度不长，但在中国数学史上的地位却极其重要，不仅大大超过秦汉数学，而且再次登上了世界数学发展的高峰，特别是理论高峰。数学家们的业绩主要在数学方法、数学证明和数学理论方面。

二、刘洪、徐岳与《数术记遗》

《数术记遗》一卷，南宋本题“汉徐岳撰，北周汉中郡守、前司隶、臣甄鸾注”。

(一) 刘洪、徐岳

刘洪(约 129—210)，字元卓，泰山蒙阴(今山东省临沂市蒙阴县) 人，天文学家、数学家。东汉熹平三年(公元 174 年)，完成二十四节气时“日所在” 等五种天文数据的测定。这些天文量及其计算方法遂成为中国传统历法的重要内容。光和元年(公元 178 年)，刘洪参与补续《律历志》。约中平元年(公元 184 年) 任会稽郡(治所在山阴县，今浙江省绍兴市城区) 东部都尉(太守的副手)。任内初步完成了《乾象历》。六年改任山阳郡(治所在今山东省巨野县) 太守。建安十一年(公元 206 年) 最后审定了《乾象历》，标志着中国古代历法体系的最终形成。刘洪还对《九章算术》进行了注释，已亡佚。

徐岳，字公河，生卒不详，东汉末东莱（今山东省龙口市）人。数学家、天文学家。撰《数术记遗》一卷。自云其内容在泰山传自刘洪。徐岳还学习了刘洪的《乾象历》，为普及《乾象历》作出了贡献。东吴重臣精通《乾象历》和《九章算术》的阚泽是他的学生。时人云“唯东莱徐先生素习《九章》，能为计数”。《隋书·经籍志》记载徐岳有两部关于《九章算术》的著作，还有《大衍算术法》一卷，均失传。

著名学者郑玄、杨伟、韩翊等也是刘洪的学生。他们的科学工作有两个显著特点：一是精通《九章算术》，刘洪本人及其弟子徐岳、再传弟子阚泽都有关于《九章算术》的著作。二是研制、精通《乾象历》。

（二）《数术记遗》

《数术记遗》，如图3-1-1所示，仅600余字，非常简括。其内容主要有三项：一是阐发了数量的有限与无限的关系。徐岳从空间、时间引申到数量上的“积微之为量”，“数之为用，言重则变，以小兼大，又加循环。循环之理，岂有穷乎？”二是大数进法。三是十四种算法，是此前人们改革计算工具尝试的总结，然而太简括，没有甄鸾注是很难理解的。值得注意的是其中的“珠算”，虽不同于宋明之珠算，却是后者之滥觞。

數術記遺
徐　　撰
漢中郡守前司隸甄鸞注
余以天門金虎呼吸精泉
羽檄星馳郯多走馬
遂負帙游山
躡跡志道
備歷丘

图3-1-1 《数术记遗》书影（南宋本）

三、赵爽与《周髀算经注》

赵爽《周髀算经注》是中国现存最早的算经注之一，如图 3-1-2 所示。赵爽，字君卿，号婴，生平、籍贯均不详。《周髀算经注》的成书年代亦不可详考。自南宋至今，有汉、魏晋间及三国吴等各种说法。《周髀算经注》成书于刘徽撰《九章算术注》之前。

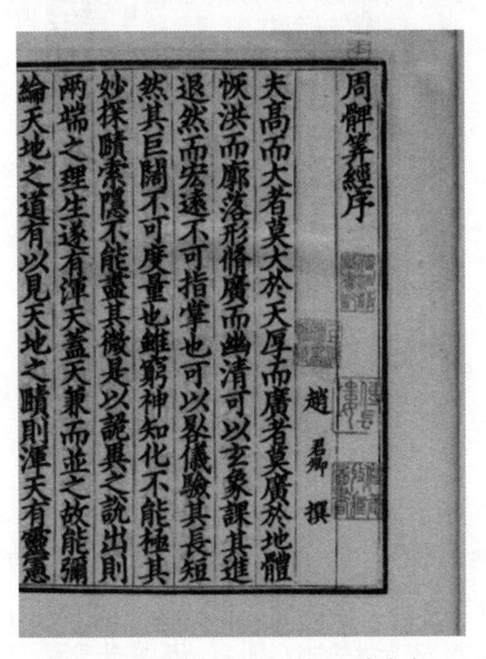

周髀算經序

趙 君卿 撰

夫高而大者莫大於天厚而廣者莫廣於地體

恢洪而廓落形脩廣而幽清可以玄象課其進

退然而宏遠不可指掌也可以晷儀驗其長短

然其巨闊不可度量也雖窮神知化不能極其

妙探賾索隱不能盡其微是以詭異之說出則

兩端之理生遂有渾天蓋天兼而並之故能彌

綸天地之道有以見天地之賾則渾天有靈憲

图 3-1-2 《周髀算经注》书影（南宋本）

赵爽注对《周髀算经》原文逐句逐段进行了忠实的解释，并引用了《灵宪》《周易》等典籍以及若干纬书来阐释《周髀》的内容，将《四分历》《乾象历》《周髀》的数学内容与《九章算术》做比较研究，对后世大有裨益。其“勾股圆方图”注系统总结了《九章算术》以来的勾股算术知识的成就；其“日高图”注用出入相补原理证明了重差公式。

《周髀算经注》与《周髀算经》正文一体行世。

四、刘徽与《九章算术注》《海岛算经》

（一）刘徽

刘徽自述：

> 徽幼习《九章》，长再详览，观阴阳之割裂，总算术之根源。探赜之暇，遂悟其意。是以敢竭顽鲁，采其所见，为之作注。

《隋书·律历志》《晋书·律历志》均云：“魏陈留王景元四年（公元 263 年）刘徽注《九章》。”关于刘徽的生平，可靠的记载仅此而已。

刘徽《九章算术注》原 10 卷，如图 3-1-3 所示。后来刘徽自撰自注的第 10 卷《重差》单行，改称《海岛算经》，如图 3-1-4 所示。刘徽还著《九章重差图》1 卷，已佚。

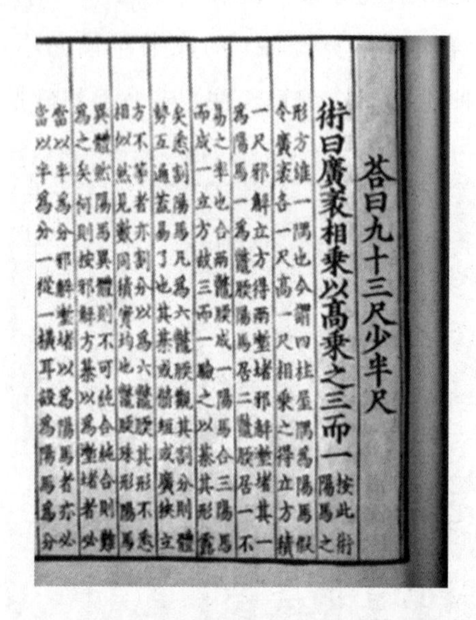

荅曰九十三尺少半尺
術曰廣袤相乘以高乘之三而一

图 3-1-3 《九章算术注》书影(南宋本)

海島算經
晉 劉徽 撰
唐 李淳風 注
今有望海島立兩表齊高三丈前後相去千步令後表
與前表參相直從前表卻行一百二十三步人目著地
取望島峯與表末參合從後表卻行一百二十七步人
目著地取望島峯亦與表末參合問島高及去表各幾
何答曰島高四里五十五步去表一百二里一百五十
步
術曰以表高乘表間為實相多為法除之所得加表高
即得島高
淳風等按此術意宜云島謂山之頂上兩表謂立表
木之端直
以人目于木末望島參平
人去表一百二十三步為前表之始後立表末至人
目于木末相望去表一百二十七步二表相去為相
多以為法

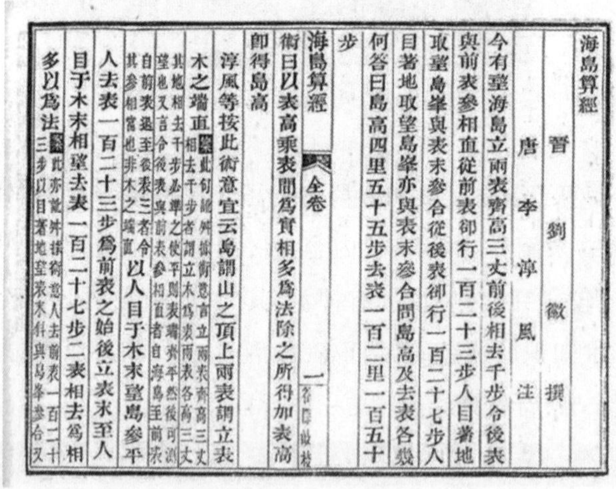

图 3-1-4 《海岛算经》书影(武英殿聚珍版)

我们根据《宋史 · 礼志》算学祀典中刘徽被封为淄乡男及《元丰九域志》《汉书 · 王子侯表》《金史 · 地理志》等资料推定，刘徽是汉文帝后裔，其籍贯是淄乡，今属山东省邹平市。

刘徽博览群书，精心研究先秦经典及前人著述，从思想界辩难之风中汲取思想资料，服务于数学创作。刘徽受玄学名士的思想影响较大，有许多语句相类似。由此，我们推断，刘徽的生年大约与嵇康、王弼相近，或稍晚一些，就是说，约生于公元3世纪20年代后期至公元240年之间。公元263年刘徽完成《九章算术注》时，年仅30岁上下，或更小一点。有的画家将正在注《九章算术》的刘徽画成一位满脸皱纹的耄耋老人，有悖于魏晋的时代精神及当时多年少成才的特点。

刘徽具有知之为知之，不知为不知的实事求是精神。他不迷信古人，多次批评前人的失误。《九章算术》最迟在东汉已被官方奉为经典，刘徽为之作注，自然对之十分推崇。但他指出了《九章算术》若干不准确之处甚或错误，是中国数学史上批评《九章算术》最多的数学家。同时他具有敢于承认自己的不足，寄希望于后学的高尚品格。他设计了牟合方盖，指出了解决球体积公式的正确途径，然功亏一篑，没能求出牟合方盖的体积，便坦言："欲陋形措意，惧失正理，敢不阙疑，以俟能言者。"反映了一位真正的科学家的光辉本色。

刘徽全面证明了《九章算术》的算法，在世界数学史上首次将无穷小分割和极限思想引入数学证明。他是中国古典数学理论的奠基者，根据现存史料，他是中国古代最伟大的数学家。

（二）《九章算术注》

根据刘徽自述及对他的《九章算术注》的分析，《九章算术注》包括两部分内容：一是他"探赜之暇，遂悟其意"者，即自己的数学创造。二是"采其所见"者，即他搜集到的他的前代和同代人研究《九章算术》的成果。比如刘徽注中基于周三径一的内容，使用出入相补的方法，齐同原理等都是刘徽之前的数学家，甚至是《九章算术》时代使用或创造的方法。然而，这些方法大多很朴素、很原始，许多重要算法的论证停留在归纳阶段，并没有被严格证明；同样，《九章算术》的一些不准确或错误的公式没有被纠正，这就为刘徽的数学创造留下了广阔的空间。

至于刘徽《九章算术注》中"悟其意"者，在后面会详细论述。

（三）《海岛算经》

刘徽发现《九章算术》的测望问题都是可望而可及的，没有超邈如太阳那样的对象，可见张苍等未能"博尽群数"。他发现九数有重差之名，"凡望极高，测绝深而兼知其远者必用重差、勾股，则必以重差为率"。于是撰《重差》，并为注解。《重差》即《海岛算经》。

在《海岛算经》中，刘徽设计了用重差术测望山高、海广、谷深、邑方等各种问题，使用了重表、累矩、连索三种基本测望方法。中国古代的测望技术到此可谓大备。

五、南北朝的数学著作和数学家

研究《九章算术》，并为之作注，仍是南北朝数学著述的重要内容。可惜全部亡佚。下面介绍尚有传本的几部数学著作。

（一）《孙子算经》

《孙子算经》，现传本为三卷，如图 3-1-5 所示。《孙子算经》并不是春秋孙武的作品，近人钱宝琮认为《孙子算经》的原著年代是在公元 400 年前后。

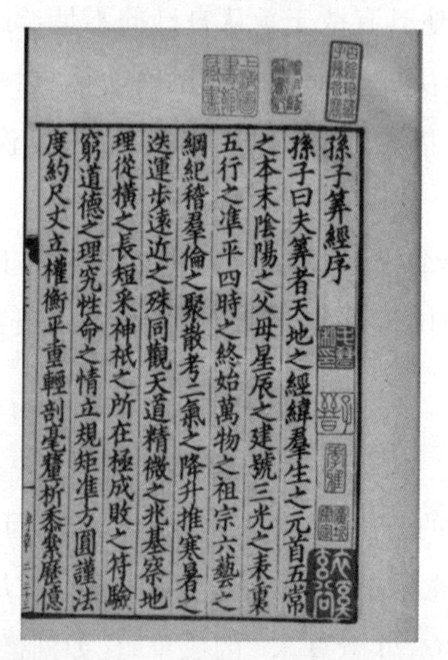

孫子筭經序
孫子曰夫筭者天地之經緯羣生之元首五常之本末陰陽之父母星辰之建號三光之表裏五行之準平四時之終始萬物之祖宗六藝之綱紀稽羣倫之聚散考二氣之降升推寒暑之迭運步遠近之殊同觀天道精微之兆基察地理從横之長短采神祇之所在極成敗之符驗窮道德之理究性命之情立規矩準方圓謹法度約尺丈立權衡平重輕剖毫釐析黍絫歷億

图 3-1-5 《孙子算经》书影（南宋本）

《孙子算经序》说：“夫算者，天地之经纬，群生之元首，五常之本末，阴阳之父母，星辰之建号，三光之表里，五行之准平，四时之终始，万物之祖宗，六艺之纲纪。”把数学推崇到这样的地步，在传世的中国古典数学著作中是不多见的。

《孙子算经》是一部供数学初学者的入门读物。卷上列出若干预备知识。卷中共 28 个问题，都是《九章算术》已经讨论过的类型。不过开方术在刘徽的基础上有所改进，方程术使用特殊的消元法，避免了负数。卷下共 36 个问题，其“物不知数”问是中国乃至全世界数学著作中第一个同余方程组解法问题；有的问题将乘数 40 化成乘 10 乘 4，开唐宋化多位乘法为个位乘法之先河；最后一问推算孕妇生男生女，荒诞不经。

《孙子算经》卷中、卷下采取应用问题集的形式，术文都是演算细草，没有抽象性的术文。

(二)《夏侯阳算经》

《夏侯阳算经》应成书于《孙子算经》前后。原本在宋以前已亡佚。现传本三卷，是北宋元丰七年(1084 年)秘书省刊刻汉唐算经时，因一部唐代算书开头有“夏侯阳曰”遂被误刻的。其卷上的明乘除法、言斛法不同以及卷下“说诸分”个别问题等当是原本的内容。

(三)《张丘建算经》

《张丘建算经》三卷，北魏清河张丘建著，约成书于 5 世纪上叶，如图 3-1-6 所示。张丘建，生平不详。北魏的清河位于今山东省临清市、河北省清河市一带。清中叶戴震整理微波榭本，避孔子讳，将“丘”改作“邱”。

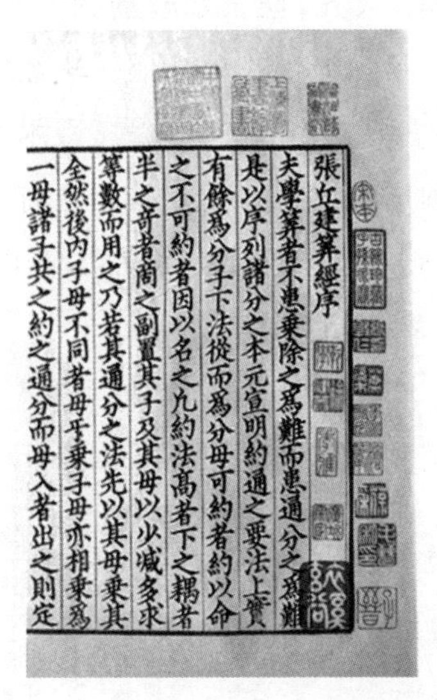
張丘建筭經序
夫學筭者不患乘除之爲難而患通分之爲難
是以序列諸分之本元宣明約通之要法上實
有餘爲分子下法從而爲分母可約者約以命
之不可約者因以名之凡約法高者下之耦者
半之奇者商之副置其子及其母以少減多求
等數而用之乃若其通分之法先以其母乘其
全然後內子母不同者母互乘子母亦相乘爲
一母諸子共之約之通分而母入者出之則定

图 3-1-6 《张丘建算经》书影(南宋本)

《张丘建算经》也是比较初级的作品，不过问题大都比《孙子算经》复杂。传本卷上 32 问，卷中存 22 问，卷下存 38 页，之间有残缺。有的题目如“河上荡杯”题与《孙子算经》相同。《张丘建算经》的术文大都是一种问题的比较抽象的运算程序。其卷上营周问有最小公倍数的完整求法；9 个关于等差数列的问题含有求等差数列的各元素的若干情形；卷下最后一问是世界数学史上著名的百鸡问题。

(四)祖冲之、祖暅之与《缀术》

祖冲之(429—500)，字文远，祖籍范阳郡遒县(今河北省涞水县)，是中国历史上最杰出的数学家、天文学家、机械制造家之一。曾祖父台之仕晋，西晋末年中原大乱举家南迁。祖冲之受到良好的传统文化尤其是历算方面的教育。宋孝武帝“使直华林学省”，后任南徐州（今江苏省镇江市）迎从事，公府参军。公元 462 年完成《大明历》，改传统的 19 年 7 闰为 391 年 144 闰，直到唐初历法不再讨论闰周为止，是最准确的数值。首次将岁差引入历法。其朔望月日数为 29.5305915，误差每月仅长了 0.5 秒，还给出了中国历史上第一个交点月日数，比现代的理论数值仅多 0.0000152 日。权臣戴法兴指责《大明历》“诬天背经”。祖冲之毫不畏惧，据理驳斥，写出著名的《驳议》，指出“迟疾之率，非出神怪，有形可检，有数可推。”，反对“信古而疑今”，表示“浮辞虚贬，窃非所惧”。《驳议》是科学史上一篇重要文献，既反映了祖冲之实事求是的科学学风，又显示了他不畏权贵，敢于坚持真理，敢于斗争的大无畏精神。恰遇孝武帝去世，未能颁行。祖冲之出为娄县（今江苏省昆山市）县令，后又为谒者仆射。祖冲之还改进指南车、千里船、水碓磨及木牛流马等。入齐，任长水校尉，作《安边论》。祖冲之解音律，善博戏，当世没有对手。他还注释《易》《老》《论语》《庄》《孝经》，撰《述异记》。

祖冲之特善算，注《九章》，造《缀述》（一说为《缀术》）数十篇，已佚。目前所知道祖冲之的数学成就，仅有将圆周率的计算精确到 8 位有效数字等几项，如图 3-1-7 所示。《隋书 · 律历志》还记载他“又设开差幂、开差立，兼以正负参之”，钱宝琮认为这表明祖冲之能解带有负系数的二次方程、三次方程。

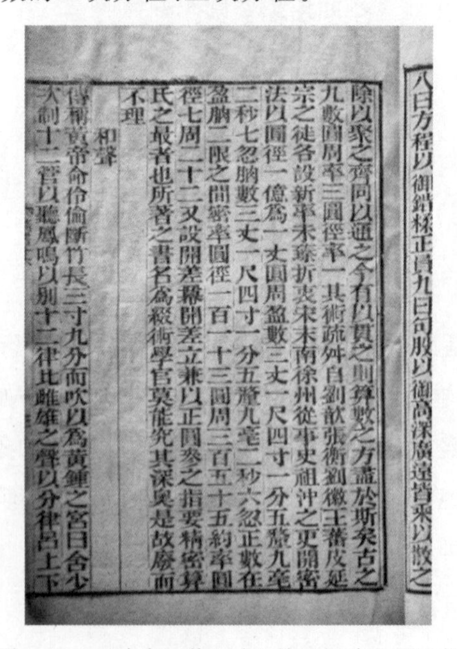
八曰方程以御錯糅正負九曰句股以御高深廣遠皆乘以散之
除以乘之齊同以通之今有以貫之則算數之方盡於斯矣古之九數圓周率三圓徑率一其術疏舛自劉歆張衡劉徽王蕃皮延宗之徒各設新率未臻折衷宋末南徐州從事史祖沖之更開密法以圓徑一億爲一丈圓周盈數三丈一尺四寸一分五釐九毫二秒七忽朒數三丈一尺四寸一分五釐九毫二秒六忽正數在盈朒二限之間密率圓徑一百一十三圓周三百五十五約率圓徑七周二十二又設開差冪開差立兼以正圓參之指要精密算氏之最者也所著之書名爲綴術學官莫能究其深奧是故廢而不理

和聲

傳稱黃帝命伶倫斷竹長三寸九分而吹以爲黃鍾之宮曰含少大制十二管以聽鳳鳴以別十二律比雌雄之聲以分律呂上下

图 3-1-7 《隋书 · 律历志》关于祖冲之的记载

祖暅之，一作祖暅，字景烁，祖冲之之子。少传家业，究极精微，善于思考。当其诣微之时，雷霆不能入。有一次，他走路思考问题，一头撞到仆射徐勉身上。徐勉唤他，才醒悟过来，传为佳话。梁天监初，修订乃父《大明历》，梁天监九年（公元 510 年）正式颁行。撰《缀术》，其开立圆术提出祖暅之原理，彻底解决了球体积问题。

《缀术》的数学水平应该高于刘徽的《九章算术注》，遗憾的是，因隋唐算学馆的学官“莫能究其深奥，是故废而不理”，遂失传。

(五) 甄鸾及其数学著作

甄鸾，字叔遵，北周中山无极（今河北省）人，生平不详。甄鸾所撰注的数学书极多，十部算经中除后出的《缀术》《缉古算经》外都有他撰注的记载。还造《天和历》。可是大部分已失传，目前传世的只有《五经算术》《五曹算经》《数术记遗注》及《周髀算经》的重述。

甄鸾在《数术记遗》第 13 种算法“珠算”的注中具体描绘了早期的珠算。在第 14 种算法“计数”的注中，甄鸾提出几个测望问题，是中国古典数学著作中没有见过的类型。

《五曹算经》包括田曹、兵曹、集曹、仓曹、金曹五卷，如图 3-1-8 所示。共 67 问，解法浅近，甚至不用分数。田曹中提出几种较复杂的平面形面积问题，可是解法都有错误。兵曹第九题、金曹第十题的解法对于十进小数的概念有了新的发展。

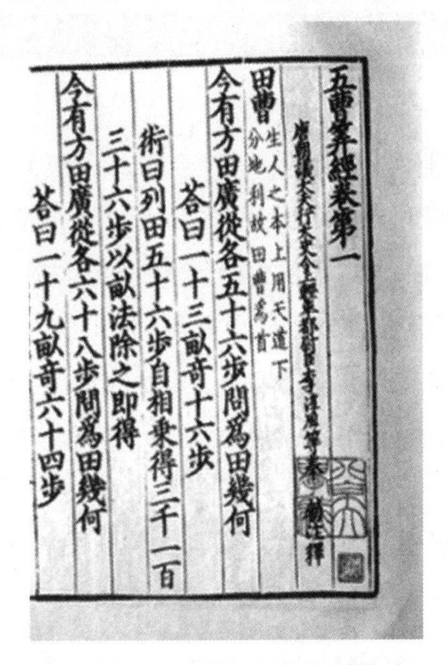
五曹筭經卷第一
唐朝議大夫行太史令上輕車都尉臣李淳風等奉勑注釋
田曹 生人之本上用天道下分地利故田曹爲首
今有方田廣從各五十六步問爲田幾何
荅曰一十三畝奇十六步
術曰列田五十六步自相乘得三千一百
三十六步以畝法除之即得
今有方田廣從各六十八步問爲田幾何
荅曰一十九畝奇六十四步

图 3-1-8 《五曹算经》书影（南宋本）

《五经算术》五卷，现传本是戴震从《永乐大典》中辑录出来的，如图 3-1-9 所示。《五经算术》列举《易》《诗》等儒家经籍的古注中有关数字计算的地方加以详尽解释，对于后世研究经学的人是有所帮助的。但有些解释不免穿凿附会。

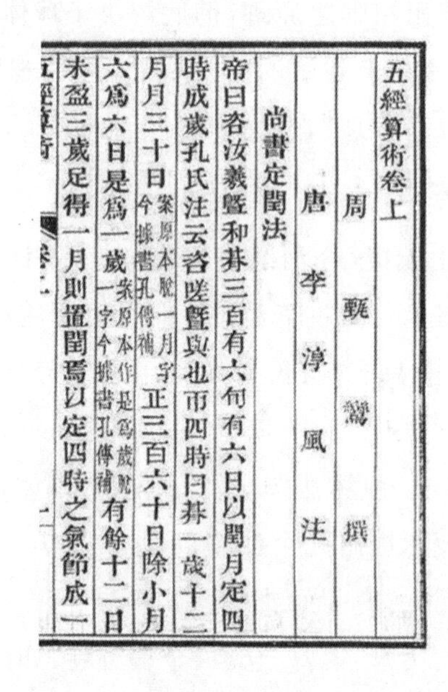
五經算術卷上

周 甄 鸞 撰

唐 李 淳 風 注

尚書定閏法

帝曰咨汝羲暨和朞三百有六旬有六日以閏月定四時成歲孔氏注云咨嗟暨與也帀四時曰朞一歲十二月月三十日（案原本脫一月字今據書孔傳補）正三百六十日除小月六爲六日是爲一歲（案原本作是爲歲脫一字今據書孔傳補）有餘十二日未盈三歲足得一月則置閏焉以定四時之氣節成一

五經算術 卷上

图 3-1-9 《五经算术》书影（武英殿聚珍版）

六、隋至唐中叶的数学著作和数学家

（一）刘焯

刘焯（544—610），字士元，信都郡昌亭（今河北省冀县）人。他生性秉直，常与儒生共论前贤所不通者。刘焯和刘孝孙批评张宾《开皇历》的失误，被诬陷为非毁天历，除名为民。刘焯著有《稽极》十卷，《历书》十卷，声名远播。他增损刘孝孙历法，更名《七曜新术》，遭到了张胄玄的诋毁。开皇十七年（公元 597 年）张胄玄制成新历，刘焯驳正之，撰新历法，名曰《皇极历》，未被使用。大业四年（公元 608 年）因张胄玄历日食预报不准，炀帝诏刘焯，欲颁行其《皇极历》，受阻未果。刘焯悲愤成疾，于大业六年抱恨辞世。

《皇极历》在数学上最重要的贡献就是创造等间距二次内插法。

（二）王孝通与《缉古算经》

《缉古算经》原称《缉古算术》，一卷，唐初王孝通撰并注，如图 3-1-10 所示。

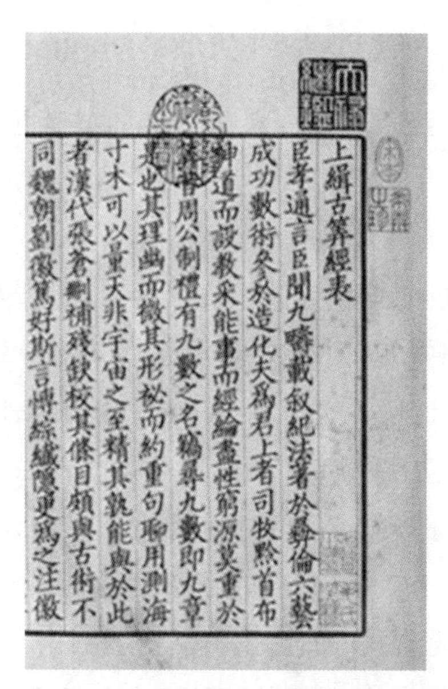

上緝古算經表
臣孝通言臣聞九疇載叙紀法著於彝倫六藝
成功數術条於造化夫爲君上者司牧黔首布
神道而設教采能事而經綸盡性窮源莫重於
算昔周公制禮有九數之名竊尋九數即九章
是也其理幽而微其形秘而約重句聊用測海
寸木可以量天非宇宙之至精其孰能與於此
者漢代張蒼刪補殘缺校其條目頗與古術不
同魏朝劉徽篤好斯言博綜纖隱更爲之注徽

图 3-1-10 《缉古算经》书影(汲古阁本)

王孝通，生平、籍贯不详。他出身平民，武德元年(公元 618 年)为太史丞，后为历算博士。武德九年(公元 626 年)他受诏与崔善为驳正傅仁均《戊寅元历》。撰注《缉古算术》，解决了比《九章算术》更加复杂的多面体体积问题和勾股问题，是现存最早的记载三次方程、四次方程的著作。他在天文学上是守旧派。王孝通历数周公以后的数学名家，无一当意者，即使是刘徽“虽一时之独步”，亦“未为司南”，而“自刘已下，更不足言”。他指责《缀术》“全错不通”“于理未尽”，说明他像算学馆学官一样对《缀术》“莫能究其深奥”而妄加指责。而对自己的《缉古算经》，却自诩“如有排其一字者，臣欲谢以千金”，自以为前无古人，后无来者，目空一切。数学家不必做谦谦君子，但像王孝通这样狂妄自大，贬低前贤，蔑视同辈，轻视后学，是不足取的。

《缉古算经》一卷，20 问，可以分成 4 类内容：第一类就是第一问，是一个关于历法的问题，大约是针对《皇极历》提出的。第二类包括第二问至第六问及第八问，共 6 个问题，都是工程中的土方体积问题。其问题的复杂程度超过以往任何一部算经。第三类包括第七问及第九问至第十四问，共 7 个问题，都是关于仓房和地窖的问题。第四类是第十五问至第二十问，共 6 个问题，都是已知勾股形的勾、股、弦三事中的二者的积或差，求勾、股、弦，是以往算书中所没有的。第二、三、四类问题大都归结为开带从立方，即求正系数三次方程的正根。有的勾股问题归结为求解形如$x^4+bx^2=c$的四次方程的正根，都通过两次开平方求解。这些问题在当时是比较艰深的。

(三) 李淳风等整理十部算经

李淳风等注释《周髀算经》《九章算术》等十部算经，是唐初以前中国数学奠基时期著作的总结。

1. 李淳风

李淳风(602—670)，岐州雍县(今陕西省凤翔)人。天文学家、数学家。贞观初(公元 627 年)李淳风建议重铸黄道浑仪，直太史局。贞观七年撰《法象志》，是制造新的天文仪器的理论基础。浑天黄道仪于是年制成，使浑仪观测性能取得划时代的进步。贞观十五年任太常博士，迁太史丞，撰《晋书》《隋书》之《天文志》《律历志》《五行志》，是中国天文学史、数学史、度量衡史的重要文献。约贞观十九年，撰成《乙巳占》。《旧唐书·李淳风传》云，贞观二十二年，"太史监侯王思辩表称《五曹》《孙子》理多舛驳。淳风复与国子监算学博士梁述、太学助教王真儒等受诏注《五曹》《孙子》十部算经"。高宗显庆元年(公元 656 年)注释完成，"高宗令国学行用。"同年，以修国史功封昌乐县男。麟德元年(公元 664 年)，李淳风吸取隋刘焯在《皇极历》中创造的定朔计算方法及用二次内插法计算太阳、月亮的不均匀视运动等方法，在《乙巳元历》基础上，制定《麟德历》，次年颁行。直到唐开元十六年(公元 728 年)方为一行的《大衍历》所取代。《麟德历》运算简捷，后人多效法。

2. 十部算经的注释

李淳风等注释的十部算经经清戴震整理后由孔继涵在微波榭刊刻，遂称为《算经十书》。

《周髀算经注释》是李淳风等十部算经注释中水平最高的一部。他们指出 8 尺之表南北千里日影相差 1 寸的说法是脱离实际的。由于测望的地面不可能是平面，他们引入了四种斜面重差术，是个创举。他们发现赵爽用等差级数插值法推算二十四节气所得的表影长短与何承天的《元嘉历》、祖冲之的《大明历》等实际测量所得的结果不同，指出"检勘术注，有所未通"。

《九章算术注释》最有意义的部分是引用了祖暅之的开立圆术，保存了祖暅之原理以及祖暅之借助此原理求出牟合方盖的体积，求出球体积的方法。《缀术》失传之后，祖冲之父子的这项成就赖此流传到今天，是十分宝贵的。但是，他们的其他注释多是重复刘徽注，几无新意。李淳风等注释多次指责刘徽。而所有这些地方，错误的不是刘徽，而是李淳风等，表明他们无法理解刘徽注的理论贡献及其方法的重大意义。

李淳风等的《海岛算经注释》只是按照刘徽的术文给出了演算步骤，没有给出造术的理由。

李淳风等的《张丘建算经注释》依《九章算术》为《张丘建算经》有的题目补立了术文，对读者很有裨益。李淳风等还纠正了原书的某些粗疏之处。

《九章算术》卷五、卷七、卷八和《孙子算经》《五曹算经》《缉古算经》等不见李淳风等的注释。

(四) 一行与《大衍历》

一行(673或683—727)，俗名张遂，巨鹿(今河北省巨鹿北)人，一说魏州昌乐(今河南省南乐县)人。青年时代即以学识渊博而闻名于长安。因不屑与武三思为伍，遂削发为僧，并刻苦学习天文历算。开元九年(公元721年)，由于《麟德历》预报日食失误，玄宗诏一行改历。为此在一行的主持下，进行了三项具有重大价值的科学工作：一是与梁令瓒设计制造了黄道游仪和水运浑仪。二是主持天文大地测量，得出351里80步"极差一度"的结论。这实际上就是求出了地球子午线一度之长，被李约瑟誉为"科学史上划时代的创举"。三是公元725年完成《大衍历》。其中关于天文历法计算的创新与改革主要是不等间距二次内插算法和关于爻象历和阴阳历所用的插值法。后者发展了刘焯算法，采用了两级等间距二次差内插方法。此外，在《大衍历》中，一行给出了太阳天顶为0至81度时，8尺表影长的数值表格。它的数学意义是一份正切函数表，在中国数学史上是最早的。

(五) 隋唐算学馆和明算科

隋唐在国子监设算学，唐更在科举中设明算科。这是中国数学史和教育史上的大事。

1. 算学馆

隋朝在国子监中开始设"算学"，有算学博士二人，算学助教二人，学生八十人，并隶于国子寺。唐朝的数学教育更为规范。

算学馆的学习科目就是李淳风等整理的《九章算术》等汉唐十部算经。《唐六典》云："二分其经以为之业：习《九章》《海岛》《孙子》《五曹》《张丘建》《夏侯阳》《周髀》十有五人。习《缀术》《缉古》十有五人。其《记遗》《三等数》亦兼习之。"学习年限是："《孙子》《五曹》共限一年业成、《九章》《海岛》共三年、《张丘建》《夏侯阳》各一年、《周髀》《五经算》共一年、《缀术》四年、《缉古》一年。"实际上这"二分"不是同一年级的甲、乙班，而是一个班的初级和高级两个阶段。另外，规定要学习《缀术》，但学官都看不懂，未必实施。而且算学馆几经置废，以上的教学安排是不可能完全实行的。

据《唐会要》学校条记载，当时还规定了每年的考察标准："其试者，通计一年所受之业，口问大义，得八以上为上，得六以上为中，得五以上为下。"

国子监设算学馆，改变了隋以前的官方数学教育"多在史官，不列于国学"的旧规。但是学校年限过长，教学效率差，实际上对数学发展的推动作用是十分有限的。

2. 明算科

隋朝开始实行科举制度，唐朝因之。唐朝的生徒和乡贡每年可以参加国家举行的考试，分明经、进士、明法、明书、明算等科。因算入仕，这在中国历史上是第一次。

明算科的考试内容，据《唐六典》云："其明算，则《九章》三帖，《海岛》《孙子》《五曹》《张丘建》《夏侯阳》《周髀》《五经》等七部各一帖。其《缀术》六帖，《缉古》四帖。"其注说明了考试标准及及第后的待遇："录大义本条为问答者，明数造术，辨明术理，然后为通。《记遗》《三等数》读令精熟。试十得九为第。其试《缀术》《缉古》者，《缀术》七条，《缉古》三条。诸及第人并录奏，仍关各送吏部。书、算于从九品下叙排。"关于考试标准，《新唐书・选举志》的记载稍异。

参加明算科的考试必须加试儒家经典，并且必须及格，否则即使算学考试及格了，也不能及第。而其他各科则没有加试算学的规定。及第后的待遇很低，只是从九品下。可见，隋唐尽管设算学馆和明算科，终究改变不了数学是"六艺之末"的局面。因此，实际上参加明算科考试的人不会很多。正如杜佑《通典》所说："士族所趋，唯明经、进士二科而已。"

第二节　算之纲纪——率与齐同原理

《周髀算经》《九章算术》和秦汉数学简牍都使用了率，但总的说来比较零散。刘徽将率的应用推广到《九章算术》的九章，大部分术文以及200余个题目的解法，大大发展完善了率的理论，认为率借助于齐同原理，成为"算之纲纪"。

一、率的定义和性质

(一) 率的定义

率的本义是标准、法度、准则。相关的各种物品在同一数量标准下有不同的数量表现,就是各自的标准量。一般说,相关的各种物品在同一数量标准下的相互数量关系是不变的,这就构成了率,通常用这些物品各自的标准量表示率。刘徽对率作出了明确的定义:

凡数相与者谓之率。

“相与”就是现在的相关。成率关系的“数”实际上是一组可以按一定关系变化的量;一组变量,如果它们相关,就称为率。成比例的一组量无疑呈率关系。但是,刘徽的“率”的涵义比比例要深、广得多。现今数学中没有与之匹配的术语和外文单词,笔者与法国学者林力娜(K. Chemla)合作的中法双语评注本《九章算术》只好用现代汉语拼音“lü”。

(二) 率的求法和性质

1. 率的求法

怎样求出诸量之间的率关系呢?刘徽说:“少者多之始,一者数之母,故为率者必等之于一。”以粟、粝为例,5 单位粟可以化为 1,而 3 单位粝可以化为 1,因此,粟 5、粝 3 便是粟、粝的相与之率。当然,实际计算中,通常不必经由“等之于一”这一步。

率,可由同类同级的单位得出,如刘徽所说的“可俱为铢,可俱为两,可俱为斤,无所归滞也”;也可由同类而不同级的单位得出,如刘徽所说的“斤两错互而亦同归”;还可以由不同类的物品得出,如刘徽所说“譬之异类,亦各有一定之势”,如单位与价钱、时间与行程等。

2. 率的性质

由率的定义,刘徽得出如下性质:

凡所得率知,细则俱细,粗则俱粗,两数相抱而已。

“知”训者,“抱”即引取。就是说,凡是构成率关系的一组量,其中一个扩大(或缩小)多少倍,其余的量也必须同时扩大(或缩小)同一倍数。刘徽提出了率的三种等量变换“乘以散之”“约以聚之”“齐同以通之”。它们最初是从分数运算中抽象出来的,比如分数 $\frac{b}{a}$,“乘以散之”,就是将分数的分子、分母乘同一常数:$\frac{b}{a}=\frac{mb}{ma}$,其中 m 为正整数。“约以聚之”,就是以同一常数约简其分子、分母。若 a,b 都能被 m 整除,即 $c=\frac{a}{m}$,$d=\frac{b}{m}$,c,d 皆为正整数,则 $\frac{b}{a}=\frac{md}{mc}=\frac{d}{c}$。分数的加法、减法与除法都要用到“齐同以通之”。这在下面再谈。

3. 相与率

利用“乘以散之，约以聚之”，可以将呈率关系的两个分数或两个有公因子的数化成两个没有公因子的整数。如求圆周率时，刘徽将直径 2 尺与圆周长的近似值 6 尺 2 寸 8 分化成径率 50，周率 157，等等，都是相与之率。因此刘徽提出了相与率的概念。他说：

> 率知，自相与通。有分则可散，分重叠则约之。等除法实，相与率也。

中国古代没有素数与互素的概念，两个量的相与率，就是互素的两个数。相与率的提出可以简化许多运算。刘徽的运算中基本上都使用相与率。

二、今有术的推广与齐同原理

（一）今有术的推广

刘徽非常重视《九章算术》提出的今有术，把它看成“都术”，即普遍方法，并且认为：

> 诚能分诡数之纷杂，通彼此之否（pǐ）塞，因物成率，审辨名分，平其偏颇，齐其参差，则终无不归于此术也。

刘徽把《九章算术》中许多与今有术并列的术文及许多题目的解法归结为今有术。经率术很容易归结为今有术。刘徽将衰分术也归结为今有术。刘徽指出：“于今有术，列衰各为所求率，副并为所有率，所分为所有数。”像均输术这样复杂的比例分配问题，《九章算术》将其归结为衰分术，刘徽将衰分术归结为今有术，自然也将均输术归结为今有术。

刘徽还把许多其他算术问题归结为今有术。《九章算术》均输章“持米出三关”问是还原问题：

> 今有人持米出三关，外关三而取一，中关五而取一，内关七而取一，余米五斗。问：本持米几何？

《九章算术》的解法是：本持米 $=(5\text{斗}\times3\times5\times7)\div(2\times4\times6)$。刘徽注给出了三种方法。其中第一种是重今有术。他说：“此亦重今有也。所税者，谓今所当税之。定三、五、七皆为所求率，二、四、六皆为所有率。”三次应用今有术，依次求出内、中、外关未税之本米。二次或多次应用今有术的方法，刘徽称之为重今有术。

（二）齐同原理

赵爽《周髀算经注》在分数的加、减、除法中都用到齐同原理，却没有超过分数的范围。刘徽则大大拓展了齐同原理的应用。

1. 率借助于齐同原理，成为“算之纲纪”

齐同原理源于分数的加、减和除法运算。刘徽说：

凡母互乘子谓之齐，群母相乘谓之同。同者，相与通同共一母也。齐者，子与母齐，势不可失本数也。

可见，刘徽在实际上把分数的分子、分母看成两个相与的量，因而可以看成率关系。这与现代算术理论中关于分数的定义惊人的一致。[法] 唐乃尔《理论和实用算术》关于分数的定义是：

第一量与第二量两量之比是一个分数，分子表示第一量含公度的倍数，分母表示第二量含公度的倍数。

因为分数的分母、分子是率关系，因此，关于分数的“乘”“约”“齐同”这三种等量变换自然推广到率的运算中。实际上，这三种等量变换与率的性质是完全一致的。

对复杂的数学问题，需要应用齐同原理才能归结为今有术。

刘徽非常重视齐同术的作用，他说：

齐同之术要矣。错综度数，动之斯谐，其犹佩觿(xī) 解结，无往而不理焉。

刘徽用率的思想和齐同原理阐释、论证了《九章算术》的大部分术文和问题的解法。他认为，率借助于齐同原理，成为“算之纲纪”：

乘以散之，约以聚之，齐同以通之，此其算之纲纪乎。

2. 诸率悉通

当一个问题有二组或多组率关系时，可以运用齐同原理使诸率悉通。《九章算术》均输章“青丝求络丝”问刘徽注给出了二种方法，其第二种方法是诸率悉通法。先求出络丝与练丝的相与之率：络∶练 = 16∶12 = 4∶3。再求出练丝与青丝的相与之率：练∶青 = 384∶396 = 32∶33。然后，使两组率中的练丝率相同，同于96；再使络丝、青丝的率与之相齐，分别化为128与99，则络∶练∶青 = 128∶96∶99，“即三率悉通矣”。将青丝1斤作为所有数，络率128作为所求率，青率99作为所有率，直接应用今有术求出络丝数。刘徽认为，这种三率悉通法，可以推广到任意多个连锁比例的问题：“凡率错互不通者，皆积齐同用之。放此，虽四五转不异也。”“持金出五关”问就是五转达到诸率悉通的例题。

3. 齐同有二术

同一问题，同哪个量，齐哪个量，可以灵活运用。刘徽认为，《九章算术》均输章凫雁、长安至齐、成瓦、矫矢、假田、程耕、五渠共池等问，尽管对象不同，却都是同工共作类问题。他在五渠共池问注中说："自凫雁至此，其为同齐有二术焉，可随率宜也。"以凫雁问为例：

> 今有凫（fú，野鸭）起南海，七日至北海；雁起北海，九日至南海。今凫、雁俱起，问：何日相逢？
>
> 术曰：并日数为法，日数相乘为实，实如法得一日。

《九章算术》的解法为：日数 $= 7 \times 9 \div (7 + 9)$。刘徽注包含了两种齐同方式：

第一种是"齐其至，同其日"。刘徽注曰：

> 按：此术置凫七日一至，雁九日一至。齐其至，同其日，定六十三日凫九至，雁七至。今凫、雁俱起而问相逢者，是为共至。并齐以除同，即得相逢日。故并日数为法者，并齐之意；日数相乘为实者，犹以同为实也。

这是使凫、雁飞的时间相同，都飞 63 日，那么凫 9 至，雁 7 至。凫、雁同时起飞而问相逢的时间，是它们共同飞至。因此，将齐即 9 至和 7 至相加，以除同即 63 日，就得到相逢的时间。这是以齐同术对《九章算术》术文的直接论证。

第二种是同其距离之分，齐其日速。刘徽注曰：

> 一曰：凫飞日行七分至之一，雁飞日行九分至之一。齐而同之，凫飞定日行六十三分至之九，雁飞定日行六十三分至之七。是为南北海相去六十三分，凫日行九分，雁日行七分也。并凫、雁一日所行，以除南北相去，而得相逢日也。

这是每一天凫飞全程的 $\frac{1}{7}$，雁飞全程的 $\frac{1}{9}$，"齐而同之"，每一天凫飞全程的 $\frac{9}{63}$，雁飞全程的 $\frac{7}{63}$。这就是，南北海的距离六十三分，凫每日飞九分，雁每日飞七分。因此，将凫、雁每日所飞之分相加，以除南北海的距离，就得到相逢的时间。这种齐同的过程是：日数 $= 1 \div \left(\frac{1}{7} + \frac{1}{9}\right) = 1 \div \left(\frac{9}{63} + \frac{7}{63}\right) = 63 \div (9 + 7) = \frac{63}{16} = 3\frac{15}{16}$（日）。

这两种齐同方式殊途同归，都是正确的方法。这些问题中没有直接用到率的概念，但是，由同一章乘传委输问刘徽注，很容易用率概念理解这两种齐同方式。乘传委输问是：

> 今有乘传委输，空车日行七十里，重车日行五十里。今载太仓粟输上林，五日三返。问：太仓去上林几何？
>
> 术曰：并空、重里数，以三返乘之，为法。令空、重相乘，又以五日乘之，为实。实如法得一里。

《九章算术》的解法是：

$$里数 = (70\ 里 \times 50\ 里 \times 5\ 返) \div [(70\ 里 + 50\ 里) \times 3\ 返]$$

刘徽注曰：

> 率：一百七十五里之路，往返用六日也。于今有术，即五日为所有数，一百七十五里为所求率，六日为所有率。以此所得，则三返之路。今求一返，当以三约之，因令乘法而并除也。…… 按：此术重往空还，一输再还道。置空行一里，七十分日之一，重行一里用五十分日之一。齐而同之，空、重行一里之路，往返用一百七十五分日之六。完言之者，一百七十五里之路，往返用六日。故并空、重者，并齐也；空、重相乘者，同其母也。于今有术，五日为所有数，一百七十五为所求率，六为所有率，以此所得，则三返之路。今求一返者，当以三约之。故令乘法而并除，亦当约之也。

刘徽此注含有三段。第二段用衰分术求解，略去。第一、三段有两条不同的思路。

第一条思路是：空车日行70里，重车日行50里，则行70×50里，空车用50日，重车用70日，因此70×50里一往返用(50＋70)日，即175里，往返用6日。将5日为所有数，175里为所求率，6日为所有率，用今有术便求出3返的里数。除以3即一返里数。其中行70×50里，空车用50日，重车用70日，是齐其日，同其里。显然，凫雁术刘徽注中的“齐其至，同其日”与此对应。

第二条思路是：由题设，空车行一里用$\frac{1}{70}$日，重车行一里用$\frac{1}{50}$日。“齐而同之”，空、重行一里之路，往返用$\frac{6}{175}$日。显然，凫雁术刘徽注中的“同其距离之分，齐其日速”与此对应。用整数表示，175里的路程，往返用6日，亦归结为今有术，求出3返的里数。凫雁术刘徽注中的“同其距离之分，齐其日速”与此对应。第二条思路，与今归一问题相同。

总之，此术刘徽注中的两条不同的思路代表了两种齐同方式，对应于刘徽处理凫雁类问题的两种齐同方式。由凫雁类问题与“乘传委输”问刘徽注中的两种齐同方式互相对应可以看出，凫雁类问题的刘徽注尽管没有使用率概念，却也是可以用率概念理解的。

4. 齐其假令，同其盈朒

对盈不足术中的"不足"，刘徽称为朒。此依大典本，杨辉本作"朏"。刘徽说：

盈、朒维乘两设者，欲为同齐之意。

也就是"齐其假令，同其盈朒"。若假令为 Ab，则盈 ab，若假令 Ba，则不足亦为 ab。刘徽认为这相当于 $a+b$ 次假令，共出 $Ab+Ba$，则既不盈又不朒。故每次假令 $(Ab+Ba)\div(a+b)$，即不盈不朒之正数。这就证明了《九章算术》方法的正确性。

总之，刘徽空前地拓展了率的应用，使之上升到理论的高度。

（三）算术趣题和最小公倍数的应用

《孙子算经》《张丘建算经》在整数、分数四则运算及求最小公倍数、最大公约数等方面的内容相当多，并有许多在中国历史上流传不衰的趣题。

1. 算术趣题

《孙子算经》和《张丘建算经》等著作有许多趣题，其中最著名的是"鸡兔同笼"问与"河上荡杯"问。《孙子算经》的鸡兔同笼问：

今有雉、兔同笼，上有三十五头，下有九十四足。问：雉、兔各几何？

术曰：上置三十五头，下置九十四足。半其足，得四十七。以少减多，再命之。上三除下三，上五除下五。下有一除上一，下有二除上二，即得。

又术曰：上置头，下置足。半其足，以头除足，以足除头，即得。

这就是中国历史上在民间流传千余年的鸡兔同笼问题。《孙子算经》的算法是：

$$\begin{matrix}35 & & 35 & & 35 & & 23\\ & \rightarrow & & \rightarrow & & \rightarrow & \\ 94 & & 47 & & 12 & & 12\end{matrix}$$

这是说，上是头数 35，下是足数 94。取其足数的 $\frac{1}{2}$，变成 47。上少下多。以上减下，下变成 12，便是兔数；此时变成下少上多，再以下减上，上变成 23，就是雉数。足比头多的数 $47-35=12$ 便是兔数。

《孙子算经》的"又术"比较抽象，它对任何鸡兔同笼问题都是适应的。

《孙子算经》卷下与《张丘建算经》卷下都有"河上荡杯"问，数字相同而文字稍异。《张丘建算经》的文字是：

今有妇人于河上荡杯。津吏问曰:“杯何以多?”妇人荅曰:“家中有客,不知其数。但二人共酱,三人共羹,四人共饭,凡用杯六十五。”问:人几何?

术曰:列置共杯人数于右方,又置共杯数于左方。以人数互乘杯数,并,以为法。令人数相乘,以乘杯数,为实。实如法得一。

其解法是:

杯数	人数				
1	2		12	2	
					左行相加得 26
1	3	人数互乘杯数 →	8	3	
					右行相乘得 24
1	4		6	4	

于是 $65 \times 24 \div 26 = 60$。这实际上是

$$65 \div \left(\frac{1}{2}+\frac{1}{3}+\frac{1}{4}\right)=65 \div \left(\frac{3\times 4}{2\times 3\times 4}+\frac{2\times 4}{2\times 3\times 4}+\frac{2\times 3}{2\times 3\times 4}\right)=65 \div \frac{26}{24}=60$$

2. 最小公倍数的应用

《张丘建算经》卷上“甲乙丙行营周”问(答案略)是:

今有内营周七百二十步,中营周九百六十步,外营周一千二百步。甲、乙、丙三人直夜,甲行内营,乙行中营,丙行外营,俱发南门。甲行九,乙行七,丙行五。问:各行几何周俱到南门?

术曰:以内、中、外周步数互乘甲、乙、丙行率。求等数,约之,各得行周。

《张丘建算经》的文字太简括。根据刘孝孙的细草,这是先将三营周 720,960,1200 用其最大公约数 240 约简,化为 3,4,5。然后布算如下:

营周	各行						
3	9		3	36		3	12
4	7	将右行皆乘 4 →	4	28	左行对应除右行 →	4	7
5	5		5	20		5	4

12,7,4 分别是甲、乙、丙行周数。刘孝孙没有说明右行即各行率为什么要乘 4。我们认为乘 4 的原因是,求 $\frac{3}{9}$,$\frac{4}{7}$,$\frac{5}{5}$ 的最小公倍数,在旁边布置公分母 $9\times 7\times 5$,变成求 $3\times 7\times 5$,$4\times 9\times 5$,$5\times 9\times 7$ 的最小公倍数,这就是 $9\times 7\times 5\times 4$,它与公分母相比多一个因子 4。虽未明确表述,《张丘建算经》及刘孝孙通晓求最小公倍数的方法,则是无疑的。

第三节　勾股和重差

赵爽、刘徽分别证明了《九章算术》的解勾股形诸公式，并有增补。两者内容基本一致。他们主要使用出入相补原理，而术语稍有区别。比如面积，赵爽仍用“实”，而刘徽则用“幂”。刘徽在证明勾股容方、容圆公式和测望问题时还应用了率的理论，为此提出了勾股相与之势不失本率的原理。

一、对勾股定理与解勾股形诸公式的证明

(一) 对勾股定理的证明

对勾股定理，赵爽、刘徽提出了不同的证明方法。刘徽的方法是：

勾自乘为朱方，股自乘为青方，令出入相补，各从其类，因就其余不移动也，合成弦方之幂。

这几句话太简括。对其理解，自清中叶以来诸说不一，有几十种不同的解释。我们认为，李潢的图较有道理。如图 3-3-1 所示，作出勾、股、弦为边长的正方形，将勾方中的Ⅰ、股方中的Ⅱ、Ⅲ分别移至弦方中的Ⅰ′、Ⅱ′、Ⅲ′，勾方、股方与弦方重合的部分不动，恰恰填满弦方，从而证明了勾股定理。

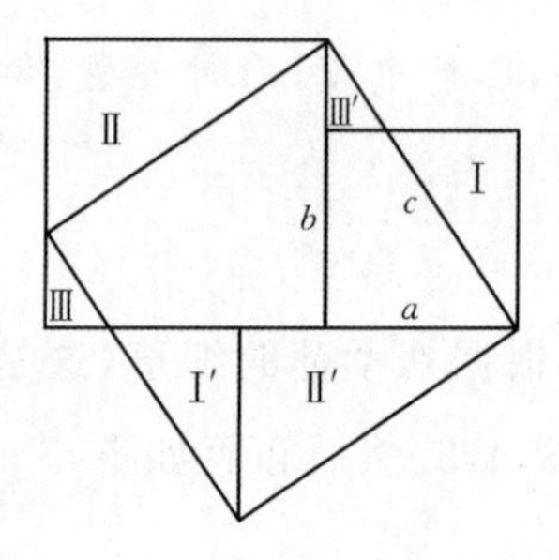

图 3-3-1　勾股术之出入相补

(二) 对解勾股形诸公式的证明

赵爽、刘徽分别以抽象的语言表达了《九章算术》应用的解勾股形公式，其证明方法大同小异。刘徽还证明了勾股数组公式。我们谨举几例。

1. 勾幂、股幂与弦幂的关系

为了证明解勾股形诸公式，赵爽与刘徽都首先讨论了勾幂、股幂与弦幂的关系。赵爽说：

> 凡并勾、股之实即成弦实。或方于内,或矩于外。形诡而量均,体殊而数齐。勾实之矩以股弦差为广,股弦并为袤,而股实方其里。…… 股实之矩以勾弦差为广,勾弦并为袤,而勾实方其里。

刘徽也有类似的论述。此谓勾幂与股幂构成弦幂时,有图 3-3-2(a)、(b) 两种情形。在图 3-3-2(a) 中,若在弦方内裁去以股 b 为边的正方形,则剩余的部分就是勾幂之矩,常简称为勾矩,其面积为c^2-b^2。同样,若在弦方内裁去以勾 a 为边的正方形,则剩余的部分就是股幂之矩,常简称为股矩,其面积为c^2-a^2。

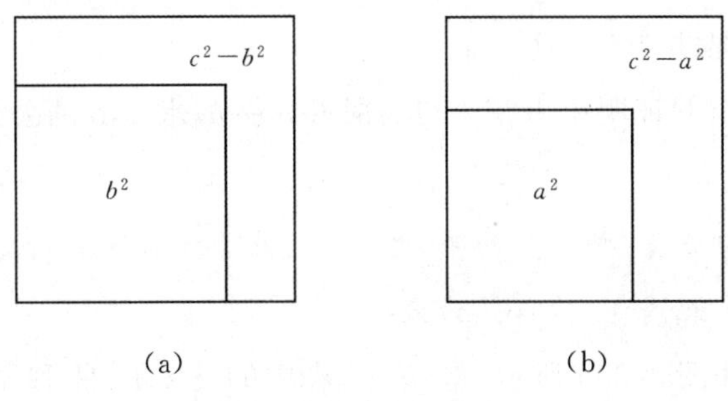

图 3-3-2 勾矩与股矩

2. 对由弦与勾股差(并) 求勾、股公式的证明

(1) 由弦与勾股差求勾、股

赵爽与刘徽都给出了由弦 c 及勾股差 $b-a$ 求勾、股的抽象公式。刘徽说:

> 令户广为勾,高为股,两隅相去一丈为弦,高多于广六尺八寸为勾股差。按图为位,弦幂适满万寸。倍之,减勾股差幂,开方除之。其所得则高广并数。以差减并而半之,即户广;加相多之数,即户高也。

刘徽将一个弦幂c^2 分解成 4 个勾股形及一个以勾股差 $b-a$ 为边长的小正方形。取两个弦幂,将其中一个除去$(b-a)^2$,而将剩余的 4 个勾股形拼到另一个弦幂上,则得到一个以勾股并 $a+b$ 为边长的大正方形,如图 3-3-3 所示,其面积为$(b+a)^2=2c^2-(b-a)^2$。于是 $b+a=\sqrt{2c^2-(b-a)^2}$。因此

$$
\begin{aligned}
a &= \frac{1}{2}[(b+a)-(b-a)] = \frac{1}{2}[\sqrt{2c^2-(b-a)^2}-(b-a)] \\
b &= \frac{1}{2}[(b+a)+(b-a)] = \frac{1}{2}[\sqrt{2c^2-(b-a)^2}+(b-a)]
\end{aligned}
\tag{3-3-1}
$$

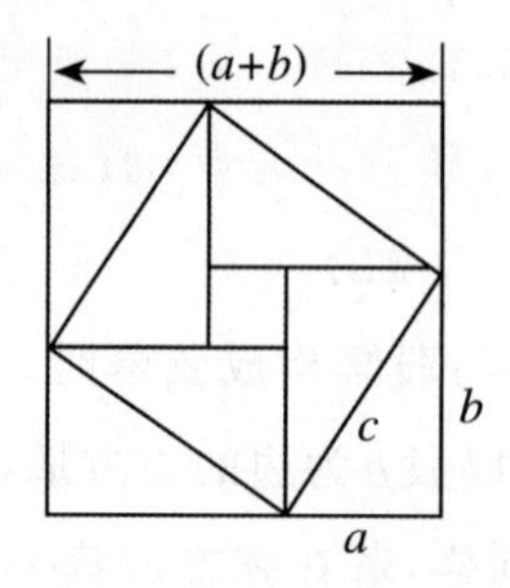

图 3-3-3　由弦与勾股差求勾、股

它们与《九章算术》的公式(2-3-27)是等价的，应该是赵爽、刘徽前人们的简化。

(2) 由弦与勾股并求勾、股

赵爽、刘徽提出并证明了由弦 c 与勾股并 $a+b$，求 a,b 的公式。刘徽的方法是：

其勾股合而自相乘之幂者，令弦自乘，倍之，为两弦幂，以减之。其余，开方除之，为勾股差。加于合而半，为股；减差于合而半之，为勾。勾、股、弦即高、广、袤。其出此图也，其倍弦为袤。

勾股合即勾股并。如图 3-3-4 所示，将 $(b+a)^2$ 中的 Ⅰ、Ⅱ、Ⅲ 移至 $2c^2$ 的 Ⅰ′、Ⅱ′、Ⅲ′处，则 $(b+a)^2$ 与 $2c^2$ 相比，只有以 $b-a$ 为边长的黄方未被填满，于是 $(b-a)^2=2c^2-(b+a)^2$，进而 $b-a=\sqrt{2c^2-(b+a)^2}$。那么，

$$a=\frac{1}{2}[(b+a)-(b-a)]=\frac{1}{2}[(b+a)-\sqrt{2c^2-(b+a)^2}]$$
$$b=\frac{1}{2}[(b+a)+(b-a)]=\frac{1}{2}[(b+a)+\sqrt{2c^2-(b+a)^2}] \tag{3-3-2}$$

很容易看出它与刘徽简化的弦与勾股差公式(3-3-1)的对称性。

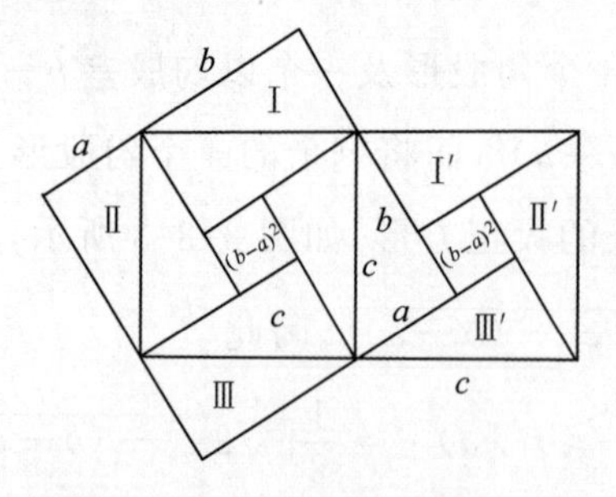

图 3-3-4　由弦与勾股并求勾、股

(3) 关于勾股差问题的拓展

刘徽还给出了求勾股差，以及用勾股差与弦求勾的新方法。刘徽说：

其矩勾之幂，倍勾为从法，开之亦勾股差。以勾股差幂减弦幂，半其余，差为从法，开方除之，即勾也。

刘徽的矩勾指b^2-a^2，与赵爽的矩勾指c^2-b^2是不同的。这段注文表示：

$$(b-a)^2+2a(b-a)=b^2-a^2 \tag{3-3-3}$$

$$a^2+(b-a)a=\frac{1}{2}[c^2-(b-a)^2] \tag{3-3-4}$$

公式(3-3-3)和公式(3-3-4)分别是以勾股差$b-a$与以勾a为未知数的开带从平方式，即二次方程。赵爽也给出了开方式(3-3-4)。

3. 对由勾弦差、股弦差求勾、股、弦公式的证明

赵爽、刘徽都对公式(2-3-28)作出了证明。刘徽的方法是：

凡勾之在股，或矩于表，或方于里。连之者举表矩而端之。又从勾方里令为青矩之表，未满黄方。满此方则两端之邪(yú)重于隅中，各以股弦差为广，勾弦差为袤。故两端差相乘，又倍之，则成黄方之幂。开方除之，得黄方之面。其外之青知，亦以股弦差为广。故以股弦差加，则为勾也。

邪，音、义同余。《史记·历书》："先王之正时也，履端于始，举正于中，归邪于终。""归邪于终"，《左传》作"归余于终"。"两端之邪"指青幂之矩位于两端多余的部分。刘徽将图3-3-2(b)旋转180°与图3-3-2(a)叠合，成为图3-3-5。股幂之矩与由勾方变成的青幂之矩的面积之和应为$a^2+b^2=c^2$，却未将黄方填满。而应该填满黄方的这部分，恰是青幂之矩位于两端的多余的部分，它们与股矩重合于弦方的两角，广是$c-b$，长是$c-a$，其面积之和是$2(c-a)(c-b)$。黄方的面积应与此相等，即$2(c-a)(c-b)$。那么黄方的边长为$\sqrt{2(c-a)(c-b)}$。另外，黄方的边长是$a+b-c$，于是$a+b-c=\sqrt{2(c-a)(c-b)}$。由$a=(a+b-c)+(c-b)$，$b=(a+b-c)+(c-a)$，$c=(a+b-c)+(c-b)+(c-a)$，便证明了式(2-3-28)。

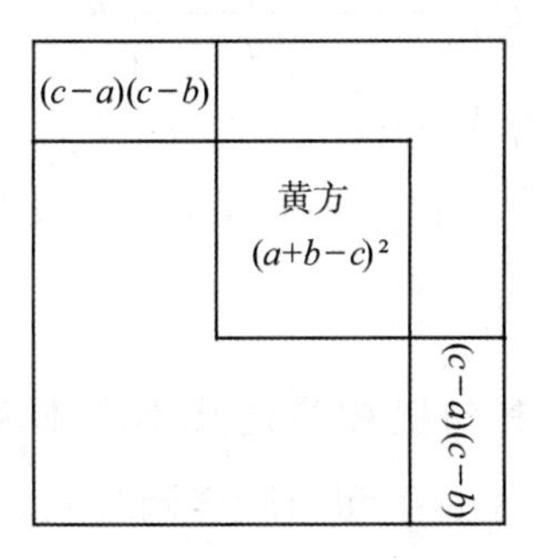

图3-3-5　由勾弦差、股弦差求勾、股、弦

(三) 刘徽对勾股数组公式的证明

刘徽首次用出入相补原理对《九章算术》中的勾股数组通解公式(2-3-29)进行了证明。刘徽说:

> 术以同使无分母,故令勾弦并自乘为朱、黄相连之方。股自乘为青幂之矩,以勾弦并为袤,差为广。今有相引之直,加损同上。其图大体,以两弦为袤,勾弦并为广。引横断其半为弦率。列用率七自乘者,勾弦之并率。故弦减之,余为勾率。同立处是中停也。皆勾弦并为率,故亦以股率同其袤也。

这是说,以“同”,即勾弦并率 m 化去分母,使都变为整数。因此,其幂图以勾弦并 $c+a$ 为广 AD, AI 为勾 a, ID 为弦 c,使 $(c+a)^2$ 为朱、黄相连之方 $ABCD$,如图 3-3-6 所示。其中 $AGHI$ 是朱方,即 a^2; $HJCK$ 是黄方,即弦方 c^2; $AMPL$ 也是弦方 c^2;那么, $IHGMPL$ 是青幂之矩,即 $b^2=c^2-a^2$。将青幂之矩引直,变成 $BEFC$,以 $c-a$ 为广, $c+a$ 为袤。因此,整个图形 $AEFD$ 就以勾弦并 $c+a$ 为广,以两弦 $2c$ 为袤。勾率、股率、弦率是 $a(c+a)$, $b(c+a)$, $c(c+a)$。$c(c+a)$ 是整个图形的一半。这就是说,使股率也有同样的袤,而 $c(c+a)=\frac{1}{2}[(c+a)^2+b^2]$, $a(c+a)=(c+a)^2-c(c+a)$。而由于 $(c+a):b=m:n$,故 $c(c+a)=\frac{1}{2}(m^2+n^2)$, $a(c+a)=m^2-\frac{1}{2}(m^2+n^2)=\frac{1}{2}(m^2-n^2)$, $b(c+a)=mn$。容易得到式(2-3-29)。

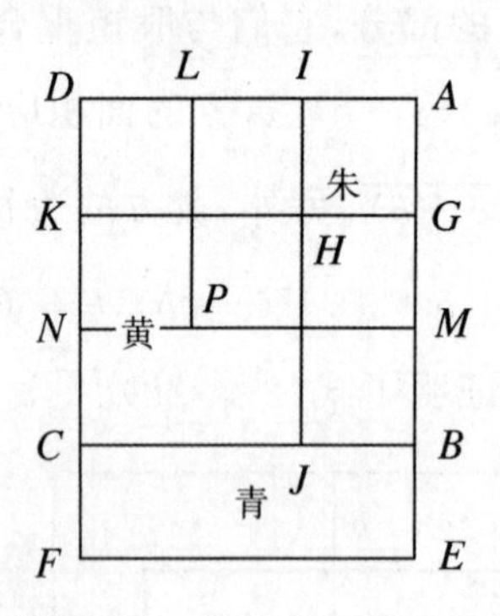

图 3-3-6　勾股数组之证明

(四) 勾股容圆公式的证明

刘徽注采用出入相补原理和勾股相与之势不失本率原理两种方式分别证明了《九章算术》的勾股容方公式(2-3-30)和勾股容圆公式(2-3-31)。谨以勾股容圆公式的证明为例。

1. 借助出入相补原理的证明

刘徽在勾股容圆注的第一段说：

> 又以圆大体言之，股中青必令立规于横、广，勾、股又邪三径均。而复连规，从横量度勾股，必合而成小方矣。勾、股相乘为图本体，朱、青、黄幂各二，倍之，则为各四。可用画于小纸，分裁邪正之会，令颠倒相补，各以类合，成修幂：圆径为广，并勾、股、弦为袤。故并勾、股、弦以为法。

勾股容圆如图 3-3-7(a) 所示。取一个容圆的勾股形，从圆心将其分割成 2 个朱幂、2 个青幂、1 个黄幂，其中黄幂的边长是圆半径 r。两个这样的勾股形拼成一个以勾 a 为宽，以股 b 为长的长方形，如图 3-3-7(b) 所示。取两个这样的长方形，其面积为 $2ab$。各以其类重新拼合成一个以容圆直径 d 为广，以勾、股、弦之和 $a+b+c$ 为长的长方形，如图 3-3-7(c) 所示。其面积为 $(a+b+c)d$。显然，$2ab=(a+b+c)d$，便求出了容圆直径公式(2-3-31)。

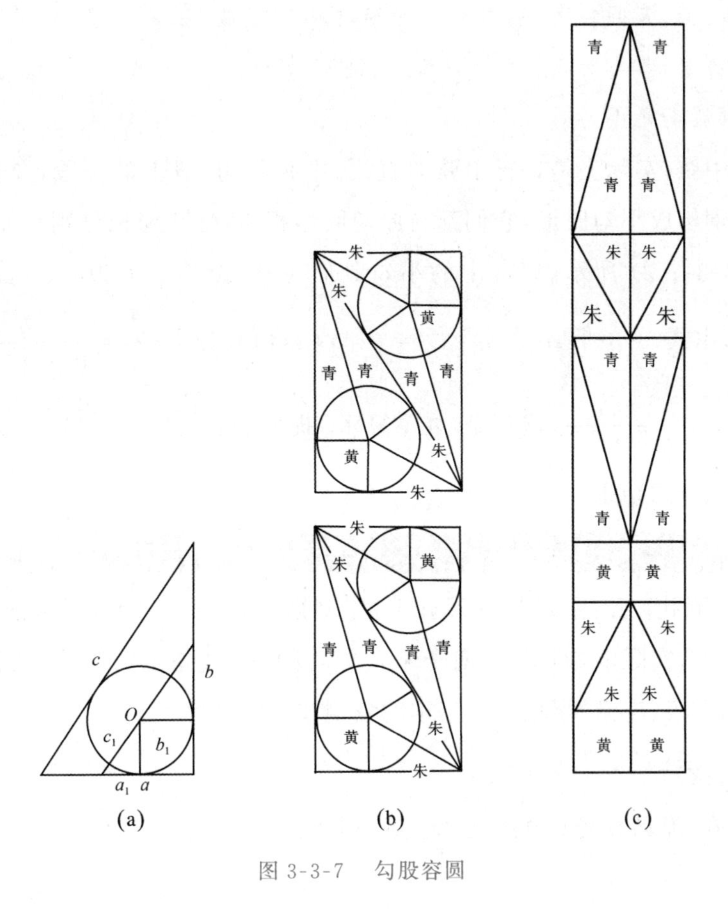

图 3-3-7 勾股容圆

2. 借助率的证明

(1) 勾股相与之势不失本率原理

刘徽在勾股容方注的第二段首先提出：

方在勾中，则方之两廉各自成小勾股，而其相与之势不失本率也。

这是相似勾股形的一个重要性质，用现今的术语，就是相似勾股形对应边成比例。设两个相似的勾股形的边长分别是 a, b, c 和 a_1, b_1, c_1，则

$$a : b : c = a_1 : b_1 : c_1 \tag{3-3-5}$$

刘徽利用这一原理证明了《九章算术》中关于勾股数组的应用、勾股容方、勾股容圆及测望问题的解法。

(2) 勾股容圆公式的证明

刘徽用勾股相与之势不失本率原理证明了式(2-3-31)：

又画中弦以观除会，则勾、股之面中央小勾股弦。勾之小股，股之小勾皆小方之面，皆圆径之半。其数故可衰之。以勾、股、弦为列衰，副并为法。以勾乘未并者，各自为实。实如法而一，得勾面之小股，可知也。以股乘列衰为实，则得股面之小勾可知。

他过圆心作中弦，实际上是平行于弦的直线。中弦与勾、股上的一段，及自圆心到勾、股的半径分别构成小勾股形，它们都与原勾股形相似，且其周长分别是原勾股形的勾与股。如图 3-3-7(a) 所示。以勾上的小勾股形为例，设其三边为 a_1, b_1, c_1，显然 $a_1 + b_1 + c_1 = a$，由式(3-3-5)，$a_1 : b_1 : c_1 = a : b : c$，由衰分术，$b_1 = \dfrac{ab}{a+b+c}$。因此容圆直径 $d = 2b_1 = \dfrac{2ab}{a+b+c}$。这正是《九章算术》提出的公式(2-3-31)。以股上的小勾股形亦可得到同样的结果。

二、重差术

郑玄注《周礼》云：南戴日下万五千里。刘徽说："夫云尔者，以术推之。"这里的术，就是重差术。实际上，刘安《淮南子·天文训》中有重差术的萌芽，到赵爽、刘徽时代，重差术的重表、连索、累矩三种基本的测望技术已经完备。

(一) 重表法

重表法在《海岛算经》中首见之于望海岛问：

今有望海岛，立两表，齐高三丈，前后相去千步，令后表与前表参相直。从前表却行一百二十三步，人目著地取望岛峰，与表末参合。从后表却行一百二十七步，人目著地取望岛峰，亦与表末参合。问：岛高及去表各几何？

术曰：以表高乘表间为实，相多为法，除之。所得加表高，即得岛高。求前表去岛远近者，以前表却行乘表间为实，相多为法，除之，得岛去表数。

如图3-3-8所示，设表高为h，表间为d，前表AB，却行至E，BE为b_1，后表CD，却行至F，DF为b_2，岛高PQ为p，前表至岛BQ为q，此即

$$p = hd \div (b_2 - b_1) + h \tag{3-3-6}$$

$$q = b_1 d \div (b_2 - b_1) \tag{3-3-7}$$

其中的表间与两表却行相多都是两个量的差，所以叫重差。《淮南子》已经使用公式(3-3-6)。实际上刘徽在《九章算术注序》中就给出了用重表法测望太阳高、远的重差公式。

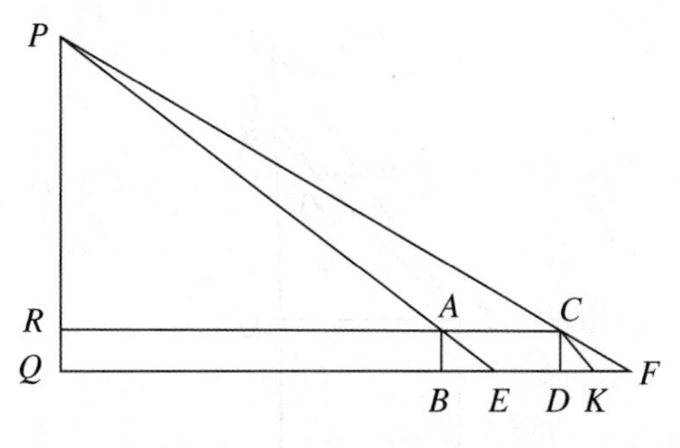

图3-3-8　重表法

此海岛高4里55步，前表至海岛102里150步，以魏尺1尺合今23.8厘米计算，岛高为1792.14米，前表至海岛为43911米，中国沿海无高1000多米而又距大陆仅40多千米的海岛。联系到刘徽《九章算术注序》论述重差术时说过“况泰山之高与江海之广哉”，我们认为望海岛问是以泰山为原型的。泰山极顶海拔高程为1532.8米，且泰山南偏西方向十分陡峭，7千米外的泰安城海拔即下降到130米。自今肥城市高淤、城宫一带测望泰山无任何障碍。刘徽测望的结果与泰山的实际高度尽管有误差，但比清阮元用重差术对泰山的测望结果要精确得多(阮元测得的结果为高233丈5寸8$\frac{2}{31}$分，约合海拔970米)。

(二) 连索法

连索法首见之于《海岛算经》第3问望方邑问：

今有南望方邑，不知大小。立两表，东西去六丈，齐人目，以索连之。令东表与邑东南隅及东北隅参相直。当东表之北却行五步，遥望邑西北隅，入索东端二丈二尺六寸半。又却北行去表一十三步二尺，遥望邑西北隅，适与西表相参合。问：邑方及邑去表各几何？

术曰：以入索乘后去表，以两表相去除之，所得为景长。以前去表减之，不尽，以为法。置后去表，以前去表减之，余，以乘入索为实。实如法而一，得邑方。求去表远近者，置后去表，以景长减之，余，以乘前去表，为实。实如法而一，得邑去表。

如图3-3-9所示，设邑方为a，邑去表为l，两表相去为d，东表前却行为b_1，入索为e，东表后却行为b_2，刘徽先求出景长，设景长为k，则$k = eb \div d$；那么，

$$a = e(b_2 - b_1) \div (k - b_1)$$

$$l = b_1(b_2 - k) \div (k - b_1)$$

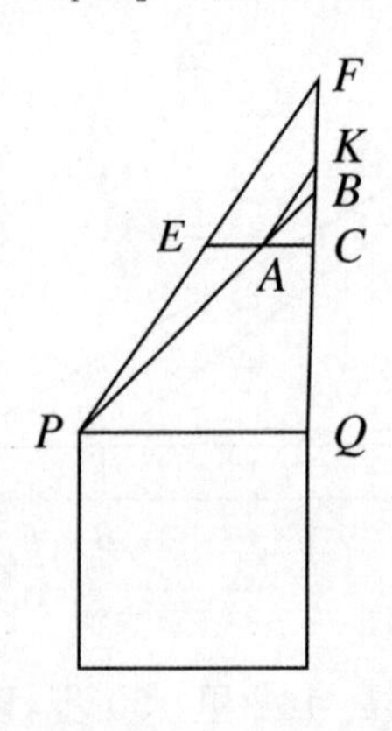

图3-3-9　连索法

(三) 累矩法

累矩法首见之于《海岛算经》第4问望深谷问：

今有望深谷，偃(yǎn)矩岸上，令勾高六尺。从勾端望谷底，入下股九尺一寸。又设重矩于上，其矩间相去三丈。更从勾端望谷底，入上股八尺五寸。问：谷深几何？

术曰：置矩间，以上股乘之，为实。上、下股相减，余为法。除之，所得，以勾高减之，即得谷深。

如图3-3-10所示，设矩之勾高为a，矩间为d，下股为b_1，上股为b_2，日去地为p，谷深为h，此即望谷公式

$$h = db_2 \div (b_1 - b_2) - a$$

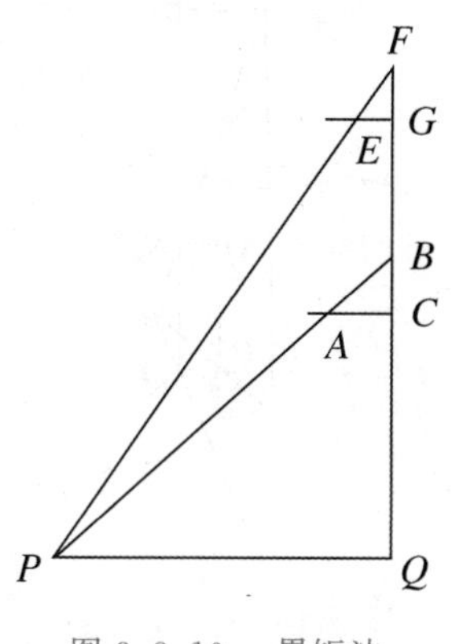

图 3-3-10 累矩法

刘徽还有更为复杂的三次、四次测望的问题。由于刘徽对《重差》的自注及图已佚，清中叶以来，人们开始探讨刘徽的思路。目前学术界基本上有三种意见。一是以相似勾股形对应边“相与之势不失本率”原理证明的。二是用出入相补原理证明的。三是鉴于刘徽对《九章算术》勾股章比较复杂的问题都是同时使用上述两种原理，那么刘徽对《海岛算经》这些比勾股章复杂得多的术文亦应如此。笔者主张第三种意见。

三、《数术记遗注》的测望问题

《数术记遗》第 14 种算法的甄鸾注提出了三个测望问题，其中第一个问题是：

> 或问曰：今有大水不知广狭，欲不用算法，计而知之。假令于水北度之者，在水北置三表，令南北相直，各相去一丈。人在中表之北，平直相望水北岸，令三相直，即记南表相望相直之处。其中表人目望处亦记之。又从中相望处直望水南岸，三相直，看南表相直之处亦记之。取南表二记之处高下，以等北表点记之。还从中表前望之所北望之，北表下记三相直之北，即河北岸也。又望上记三相直之处，即水南岸。中间则水广狭也。

如图 3-3-11 所示，中国古代画地图采用上南下北，左东右西，与今相反。设河的北岸 A，南岸 B，欲求 AB 的长度。在北岸北侧等距放置垂直于 AB 的三根表。从中表的 E 处望北岸 A 处，交南表于 M，望南岸 B 处，交南表于 N。在北表上取 P、Q 两点，使 $PQ = MN$，$PM \parallel QN \parallel AB$，从 E 望 P，交 BA 的延长线于 C，望 Q，交 BA 的延长线于 D，则 $CD = AB$，量出 CD 的长度，便可以知道 AB 的长度。

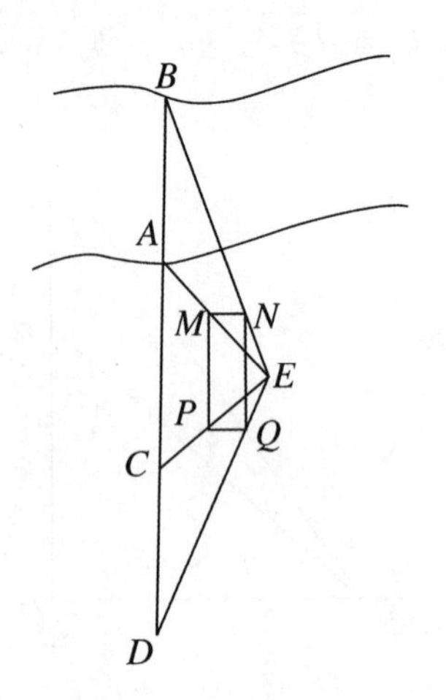

图 3-3-11　计知广狭

甄鸾提出的第三个问题是：

或问曰：今有深坑，在上看之，可知尺数已否？

答曰：以一杖任意长短，假令以一丈之杖掷著坑中，人在岸上手捉之一杖，舒手望坑中之杖，遥量知其寸数。即令一人于平地捉一丈之杖，渐令却行，以者遥望坑中寸量之，与望坑中数等者，即得。

如图 3-3-12 所示，设坑深 AB，BC 为坑中 1 丈之杖。用另一长杖著 C 处，在 A 处作记号。然后取一丈长的杖 DE，使之自 A 向后垂直地向后退，退到使 $AE = AC$ 为止，则 $AD = AB$，量出 AD 的长度，便知道坑深。

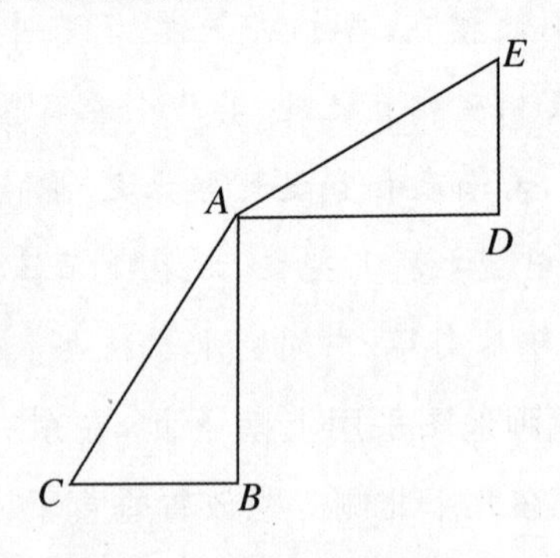

图 3-3-12　杖望坑深

这两个问题都是通过图形变换，将可望而不可及的图形化成可以量得的图形。前者实际上是以中表为对称轴的对称变换；后者是勾股形 ADE 与 ABC 全等。这类题目都是现存古典数学著作中所未见到过的类型，可谓独树一帜。

第四节　开方术、方程术的改进、不定问题

刘徽《九章算术注》给开方术以几何解释，在“开方不尽”时创造了继续开方“求其微数”的重要方法。还创造了解方程的互乘相消法和方程新术。《孙子算经》等对开方术和方程术也有不同程度的改进。《孙子算经》的“物不知数”问与《张丘建算经》的“百鸡问题”都是世界数学史上著名的不定问题。

一、开方术的几何解释和改进

(一) 刘徽关于开方术的几何解释

1. 开方术的几何解释

《九章算术》的开平方术是面积问题的逆运算，刘徽因此提出开平方是“求方幂之一面”，即求面积为已知的正方形的边长，如图 3-4-1 所示。那么，若面积是百位数，边长就是十位数；若面积是万位数，边长就是百位数。议所得即根的第一位得数就是正方形黄甲的边长。《九章算术》得出法之后，以法除实，刘徽则改成将边长自乘，以减实，就是从原正方形中除去黄甲的面积。《九章算术》将法加倍，作为定法，刘徽认为是预先张开两块朱幂已经确定的长，以准备求第二位得数，即朱幂的宽，所以称为定法。朱幂位于黄甲的相邻的两侧。折法就是通过将定法退位使其缩小。确定第二位得数，就是朱幂的宽，也是小正方形黄乙的边长。从原正方形中再除去两朱幂和黄乙的面积。如此继续下去。

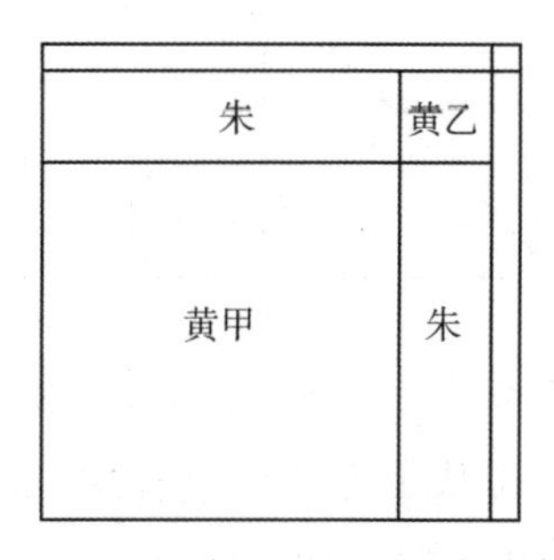

图 3-4-1　开方术的几何解释

同样，刘徽对开立方术也给出了几何解释。

此外，刘徽在得出根的每位得数之后，不是还掉借算，而是保留借算，用退位得出

减根方程，以继续开方。此后的开方法都继承了刘徽的改进。

2. 刘徽关于二次开方式的造术

《九章算术》勾股章"邑方出南北门"问给出二次方程式(2-4-1)。刘徽用两种方法推导之。其第一种方法是：

> 此以折而西行为股，自木至邑南一十四步为勾，以出北门二十步为勾率，北门至西隅为股率，半广数。故以出北门乘折西行股，以股率乘勾之幂。然此幂居半以西，故又倍之，合东，尽之也。

此基于率的理论。如图 2-4-1 所示，勾股形 $ABC \backsim$ 勾股形 FBD，因此 $BD : FD = BC : AC$，而 $FD = \frac{1}{2}x$，$BC = k + x + l$，故 $k : \frac{1}{2}x = (k + x + l) : m$，于是便得到式(2-4-1)。

第二种方法是使用出入相补原理进行证明：

> 此术之幂，东西如邑方，南北自木尽邑南十四步。之幂各南、北步为广，邑方为袤，故连两广为从法，并以为隅外之幂也。

如图 3-4-2 所示，刘徽考虑自木 B 至邑南 C 为长，邑方 FG 为宽的长方形 $KMLH$，其面积为 $x^2 + (k + l)x$。它是长方形 $BCLH$ 的面积的 2 倍。而由于勾股形 ABC 与 ABI 相等，AFL 与 AFJ 相等，FBH 与 FBD 相等，因此长方形 $DCLF$ 与 $FJIH$ 面积相等，故长方形 $BCLH$ 与 $DJIB$ 面积相等。后者的面积为 km，从而得出了二次方程式(2-4-1)。

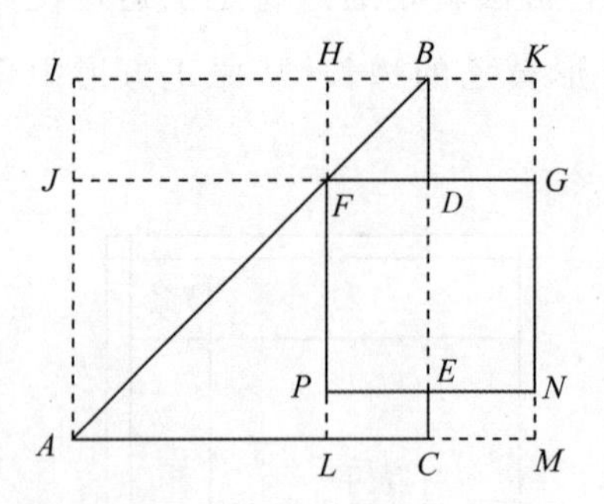

图 3-4-2　邑方出南北门术

同时，我们看到，在建立开带从平方式的过程中，实际上用到了如积相消，是为后来宋元时期如积相消并进而成为天元术思想的先河。

(二) 开方术的改进

1. 刘徽对开方术的改进

刘徽对《九章算术》的开方法做了许多改进。

第一，刘徽将《九章算术》的以法（或定法）除实，在开平方时改进为以开方得数的平方 a_1^2 或 $2a_1a_2+a_2^2$ 减实，在开立方时改进为以开方得数的立方 a_1^3 或 $3a_1^2a_2+3a_1a_2^2+a_2^3$ 减实。

第二，刘徽改变了《九章算术》求出第一位得数后撤去借算而在继续开方时复置借算，并在开立方时将中行置于个位复"步之"以求减根方程的做法，而是先保留由借算变成的法及中行、下行的位置，对之做相应的运算后使之一退、二退、三退以求减根方程。这样，使整个开方程序连贯下来，而不中断，因而程序性更为强烈。

第三，刘徽根据法（或定法）、中行、下行在几何解释中的形状和位置，将其分别称之为方法、廉法、隅法。

刘徽对《九章算术》开方法的改进影响极大，都被后来的开方法继承了下来。

2. 一行的求根公式

在《大衍历》中，一行给出了已知五星行度反求其相当于何日的计算法。设五星为均变速运动，第一日行度数 a，每日行度公差 d，日数 x，一行用等差级数求五星行度 y，得 $y=\left[a+\frac{(x-1)d}{2}\right]\times x$。若已知五星行度 y，一行用

$$x=\frac{1}{2}\left[\sqrt{\left(\frac{2a-d}{d}\right)^2+\frac{8y}{d}}-\frac{2a-d}{d}\right]$$

求日数 x。而此式正是方程 $x^2+\frac{2a-d}{d}x=\frac{2y}{d}$ 的正根。显然，它符合一元二次方程 $x^2+px+q=0$ 的求正根的公式 $x=\frac{1}{2}[-p+\sqrt{p^2-4q}]$。其来源尚不清楚。

(三) 刘徽的"求微数"

在刘徽之前，当开方不尽时人们用 $a+\frac{A-a^2}{2a+1}$ 或 $a+\frac{A-a^2}{2a}$ 表示平方根的近似值，用 $a+\frac{A-a^3}{3a^2+1}$ 或 $a+\frac{A-a^3}{3a^2}$ 表示开立方根的近似值。刘徽认为它们都是"不可用"的，从而创造了继续开方，"求其微数"的方法。他说：

> 不以面命之，加定法如前，求其微数。微数无名者以为分子，其一退以十为母，其再退以百为母。退之弥下，其分弥细，则朱幂虽有所弃之数，不足言之也。

所谓求微数，就是以十进分数逼近无理根，我们今天计算无理根的十进分数的近似值的方法与之完全一致。求微数的思想无疑是刘徽的无穷小分割和极限思想的反映，并且，从理论上说，这个近似值要多么精确就多么精确。但是，刘徽明确地说："虽有所弃之数，不足言之也。"可见，它是近似计算，而不是一个极限过程。

刘徽在割圆术求圆周率 $\pi=\frac{157}{50}$ 的程序中，有8次要用到求微数。比如，其"割六觚以为十二觚术"需要计算 $\sqrt{75\text{ 寸}^2}$，便"下至秒、忽。又一退法，求其微数。微数无名知以为分子，以十为分母，约作五分忽之二。故得股八寸六分六厘二秒五忽五分忽之二"。这就是 $b=\sqrt{c^2-a^2}=\sqrt{75\text{ 寸}^2}=8\text{ 寸 }6\text{ 分 }6\text{ 厘 }2\text{ 秒 }5\frac{2}{5}\text{ 忽}$。在求圆周率时，刘徽都需要精确到"寸"之下五六位有效数字。倘无求微数的方法，刘徽即使创造了求圆周率近似值的科学理论也无法付诸实施，祖冲之更不可能取得8位有效数字的旷世成就。刘徽的割圆术奠定了中国的圆周率计算在世界上领先千余年的理论基础；而刘徽的求微数，则奠定了其计算方法基础。

二、方程术的进展

（一）刘徽的方程理论

1. 方程术的理论基础

刘徽在"方程"的定义中"令每行为率"，就是将每行看成一个整体，每行中的诸未知数的系数与常数项都有确定的顺序，就是说具有方向性。因而"令每行为率"与现今线性方程组理论中的行向量概念有某种类似之处。在方程的运算中，都是将一行看成一个整体加减。

为了说明两行相减不影响方程的解，刘徽提出了一条重要的原理：

> 举率以相减，不害余数之课也。

就是说，对方程进行整行之间的加减变换，不改变方程的解。这是直除法的理论基础，刘徽把它当作无须证明的真理使用。

2. 同行首，齐诸下

刘徽把方程的每行看成率，因而可以对整行施行"乘以散之，约以聚之"，而在诸行之间施行“齐同以通之”，从而说明了常数（包括负数）与整行的乘除运算，以及两行之间加减运算的根据。他说：“先令右行上禾乘中行，为齐同之意。为齐同者，谓中行直减右行也。”这里的“齐”是使一行中其他各未知数系数及常数项与该行欲消去的未知数的系数相齐，而“同”是通过反复直减的运算使该行欲消去的未知数的系数与减去的那行相应未知数的系数的总和相同。后来李淳风等在《张丘建算经注释》中用“同齐者，同行首，齐诸下”概括之。

（二）互乘相消法

刘徽在《九章算术》方程章牛羊直金问注中创造了互乘相消解方程的方法，与现今方法一致。其齐同之义比直除法也更加显然。此问是：

> 今有牛五、羊二，直金十两；牛二、羊五，直金八两。问：牛、羊各直金几何？

设牛数为 x，羊数为 y，根据题意所列出的方程是：

$$5x+2y=10$$

$$2x+5y=8$$

《九章算术》用方程术求解。刘徽则说：

> 假令为同齐，头位为牛，当相乘。右行定：更置牛十，羊四，直金二十两；左行牛十，羊二十五，直金四十两。牛数等同，金多二十两者，羊差二十一使之然也。以少行减多行，则牛数尽，惟羊与直金之数见，可得而知也。

这是用右行牛的系数 5 乘左行，又用左行牛的系数 2 乘右行，得

$$10x+4y=20$$

$$10x+25y=40$$

以少行减多行，得 $21y=20$，于是 $y=\dfrac{20}{21}$。这就是互乘相消法。刘徽接着说：“以小推大，虽四、五行不异也。”就是说这是一种普遍方法。可是，刘徽的先进方法长期得不到人们的重视。直到近 800 年后北宋的贾宪才重新使用互乘相消法，与直除法并用。13 世纪秦九韶废止了直除法，完全使用互乘相消法。

刘徽在方程章五雀六燕问和麻麦问注中还利用率的理论与齐同原理创造了方程新术。

三、不定问题

(一) 五家共井

《九章算术》方程章五家共井问是：

> 今有五家共井，甲二绠不足，如乙一绠；乙三绠不足，以丙一绠；丙四绠不足，以丁一绠；丁五绠不足，以戊一绠；戊六绠不足，以甲一绠。如各得所不足一绠，皆逮。问：井深、绠长各几何？

“以丙一绠”之“以”，训“如”，下三处同。这里有六个未知数，却只有五个方程。列出方程为

$$\begin{matrix} 1 & 0 & 0 & 0 & 2 \\ 0 & 0 & 0 & 3 & 1 \\ 0 & 0 & 4 & 1 & 0 \\ 0 & 5 & 1 & 0 & 0 \\ 6 & 1 & 0 & 0 & 0 \\ 1 & 1 & 1 & 1 & 1 \end{matrix} \quad \text{消元得} \quad \begin{matrix} 0 & 0 & 0 & 0 & 721 \\ 0 & 0 & 0 & 721 & 0 \\ 0 & 0 & 721 & 0 & 0 \\ 0 & 721 & 0 & 0 & 0 \\ 721 & 0 & 0 & 0 & 0 \\ 76 & 129 & 148 & 191 & 265 \end{matrix}$$

《九章算术》遂以 721,265,191,148,129,76 作为解。刘徽认为这是不妥当的。他说：

> 此率初如方程为之，名各一逮井。其后，法得七百二十一，实七十六，是为七百二十一绠而七十六逮井，并用逮之数，以法除实者，而戊一绠逮井之数定，逮七百二十一分之七十六。是故七百二十一为井深，七十六为戊绠之长，举率以言之。

刘徽认为，《九章算术》实际上只是给出了各家绠长及井深的率关系：甲：乙：丙：丁：戊：井深 $= 265:191:148:129:76:721$。只要井深等于 $721n$，令 $n = 1,2,\cdots$，都会得出各家符合问题的正整数解，《九章算术》以其最小的一组正整数解作为定解。刘徽说《九章算术》是“举率以言之”，表明他已经认识到五家共井问是不定方程组。这是中国数学史上首次明确指出不定问题。

(二) 物不知数问题

中国民间自古流传着“秦王暗点兵”“韩信点兵”“鬼谷算”“隔墙算”“剪管术”等数字游戏，实际上都是同余方程组问题。它导源于《孙子算经》卷下“物不知数”问。此问是：

今有物不知其数。三、三数之，剩二；五、五数之，剩三；七、七数之，剩二。问：物几何？

术曰："三、三数之，剩二"，置一百四十；"五、五数之，剩三"，置六十三；"七七数之，剩二"，置三十。并之，得二百三十三。以二百一十减之，即得。凡三、三数之剩一，则置七十；五、五数之剩一，则置二十一；七、七数之剩一，则置十五。一百六以上，以一百五减之，即得。

这实际上是现代数论中的一次同余方程组问题。同余是数论中的一个重要概念，给定一个正整数 m。如果二整数 a,b，使 $a-b$ 被 m 整除，就称 a,b 对模 m 同余，记作 $a \equiv b(\mathrm{mod}\ m)$。"物不知数"问就是求满足一次同余方程组

$$N \equiv 2(\mathrm{mod}\ 3) \equiv 3(\mathrm{mod}\ 5) \equiv 2(\mathrm{mod}\ 7)$$

的最小正整数 N。术文给出

$$N = 140 + 63 + 30 - 210 = 23$$

显然，其中 $140 = 70 \times 2, 63 = 21 \times 3, 30 = 15 \times 2$。其中 2，3，2，依次是三、三数之，五、五数之，七、七数之的余数，而 $70 = 2 \times 5 \times 7 \equiv 1(\mathrm{mod}\ 3)$，$21 = 1 \times 3 \times 7 \equiv 1(\mathrm{mod}\ 5)$，$15 = 1 \times 3 \times 5 \equiv 1(\mathrm{mod}\ 7)$。这正是术文后半段所表示的内容。可见，《孙子算经》的作者已经在某种程度上掌握了高斯（Gauss，1777—1855）定理。其中乘以 5×7 的 2，乘以 3×7 的 1，乘以 3×5 的 1 后来被秦九韶称为乘率，它们是怎么得出来的，《孙子算经》未记载。

"物不知数"问是世界上数学著作中第一个同余方程组问题。前面提到的秦王、韩信、鬼谷子等都是战国秦汉人物，此时是否有同余方程组解法，不得而知。但是，汉朝《三统历》计算上元积年要用到同余方程组解法，却是学术界公认的事实。

来华传教士伟烈亚力（1815—1887）1852 年将"物不知数"题介绍到西方，被称为"中国剩余定理"，它看起来是对中国古典数学的推崇，其实质是贬低。它导源于西方学术界在 20 世纪初期之前对中国古典数学的了解甚少，以为中国古典数学无足道者。因此，当他们知道中国古代有某项可以称道的成就时，便冠以"中国"的名称。

（三）百鸡术

《张丘建算经》卷下最后一问提出百鸡问，即

今有鸡翁一直钱五，鸡母一直钱三，鸡雏三直钱一。凡百钱买鸡百只。问：鸡翁、母、雏各几何？

术曰：鸡翁每增四，鸡母每减七，鸡雏每益三，即得。

《张丘建算经》给出了(4,18,78),(8,11,81),(12,4,84)三组解作为鸡翁、母、雏数,是其全部正整数解。如何得出这三组解,由于术文太简括,历来看法不一。

百鸡术在中国历史上影响深远。自北周直到19世纪中叶,都有人研究。印度的摩诃毗罗(约公元850年),意大利的斐波那契(约1170—约1240),阿拉伯的阿尔·卡西(?—约1429)的著作都有百鸡问题。

四、等差数列

刘徽的《九章算术注》与《孙子算经》《张丘建算经》的许多内容涉及等差数列与等比数列,尤其是《张丘建算经》对等差数列的研究比《九章算术》进了一大步。

(一) 求公差

《九章算术》的金箠问是由数列的首项、末项和项数,求出列衰,用衰分术解决。刘徽则先求出公差,他说:

> 按:此术五尺有四间者,有四差也。今本、末相减,余即四差之凡数也。以四约之,即得每尺之差。以差数减本重,余即次尺之重也。为术所置,如是而已。

设首项a_1,末项a_n,刘徽求出公差$d=\dfrac{a_n-a_1}{n-1}$。

《张丘建算经》卷上女子善织问也是求公差的问题。

(二) 求各项和

《张丘建算经》卷上女子不善织、卷下城周安鹿角、举取他绢等问都是求等差数列各项之和。女子不善织问是:

> 今有女子不善织,日减功迟。初日织五尺,末日织一尺。今三十日织讫,问:织几何?
>
> 术曰:并初、末日织尺数,并之,余,以乘织讫日数,即得。

设初、末日织数即首项、末项分别为a_1,a_n,织讫日数即项数为n,则所织总数即S_n为

$$S_n=\frac{n(a_1+a_n)}{2}$$

《张丘建算经》卷上与人钱问、卷中诸户出银问都是求等差数列的项数的问题。

五、二次内插法

(一) 刘焯的等间距二次内插法

刘焯关于二次内插算法的创建与使用，见于《皇极历》“推每日迟速数术”：设 L 为该节气的长度，刘焯给出了由某气迟速数 $f(nL)$、陟(zhì，升高)降率 Δ_1 和后一气陟降率 Δ_2，求该气内每日迟速数 $f(nL+t)$ 的公式：

$$f(nL+t)=f(nL)+\frac{t}{L}\times\frac{\Delta_1+\Delta_2}{2}+\frac{t}{L}(\Delta_1-\Delta_2)-\frac{t^2}{2L^2}(\Delta_1-\Delta_2)$$

$n=0,1,2,\cdots,11$；$t=1,2,\cdots,L$。这就是著名的刘焯的等间距二次内插公式。

(二) 一行的不等间距二次内插法

一行制定《大衍历》，在“步日躔术”中把刘焯的等间距二次内插方法发展到不等间距，被誉为是“中国历法科学的一大进步”。实际上，一行“不等间距”二次内插法乃是刘焯算法的自然拓展。一行求“分后”“其日定数”的“步日躔术”以现代符号表示就是：

$$f(U+t)=f(U)+t\times\frac{\Delta_1+\Delta_2}{L_1+L_2}+t\left(\frac{\Delta_1}{L_1}-\frac{\Delta_2}{L_2}\right)-\frac{t^2}{L_1+L_2}\left(\frac{\Delta_1}{L_1}-\frac{\Delta_2}{L_2}\right)$$

这一公式与现今不等间距二次内插公式完全相合。

第五节 无穷小分割和极限思想

刘徽在数学上最伟大的贡献，是在世界数学史上首次将无穷小分割和极限思想引入数学证明。我们从割圆术，刘徽原理与多面体体积理论，截面积原理，极限思想在近似计算中的应用，以及与古希腊同类思想的比较等几个方面来阐述刘徽的贡献。

一、割圆术

刘徽之前人们以圆内接正六边形的周长作为圆周长，以圆内接正十二边形的面积作为圆面积，利用出入相补原理，将圆内接正十二边形拼补成一个以正六边形周长的一半作为长，以圆半径作为宽的长方形，来推证圆面积公式(2-3-4)。刘徽说此“合径率一而外周率三也”，当然极不严格。为了真正证明式(2-3-4)，刘徽创造了著名的割圆术。他说：

为图。以六觚之一面乘一弧半径，三之，得十二觚之幂。若又割之，次以十二觚之一面乘一弧之半径，六之，则得二十四觚之幂。割之弥细，所失弥少。割之又割，以至于不可割，则与圆周合体而无所失矣。觚面之外，犹有余径。以面乘余径，则幂出弧表。若夫觚之细者，与圆合体，则表无余径。表无余径，则幂不外出矣。以一面乘半径，觚而裁之，每辄自倍。故以半周乘半径而为圆幂。此以周、径，谓至然之数，非周三径一之率也。

这段文字包括三个互相衔接步骤：

首先，刘徽从圆内接正六边形开始割圆，依次得到圆内接正 $6\times 2, 6\times 2^2, \cdots$ 边形。设圆内接正 6×2^n 边形的面积为S_n，则

$$S_n < S \tag{3-5-1}$$

而随着分割次数越来越多，$S-S_n$ 越来越小，到不可再割时，S_n 与 S 重合，即

$$\lim_{n\to\infty} S_n = S \tag{3-5-2}$$

其次，圆内接正 6×2^n 边形的每边和圆周之间有一段距离 r_n，称为余径。将 6×2^n 边形的每边 a_n 乘余径 r_n，其总和是 $2(S_{n+1}-S_n)$。将它加到S_n 上，则有

$$S < S_n + 2(S_{n+1}-S_n) \tag{3-5-3}$$

如图 3-5-1(a) 所示。然而当 n 无限大，即 6×2^n 边形与圆周合体时，则$\lim\limits_{n\to\infty} r_n = 0$，因此

$$\lim_{n\to\infty}[S_n + 2(S_{n+1}-S_n)] = S \tag{3-5-4}$$

这就证明了圆的上界序列与下界序列的极限都是圆面积。

最后，刘徽把与圆周合体的正多边形分割成无穷多个以圆心为顶点，以每边长为底的小等腰三角形，如图 3-5-1(b) 所示。以圆半径乘这个多边形的边长是每个小等腰三角形面积的 2 倍，所谓“觚而裁之，每辄自倍”。显然，所有这些小等腰三角形的底边之和就是圆周长 l，所有这些小等腰三角形面积的总和就是圆的面积 S。那么，圆半径乘圆周长，就是圆面积的 2 倍：$lr=2S$。反求出 S 就完成了对式(2-3-4) 的证明。

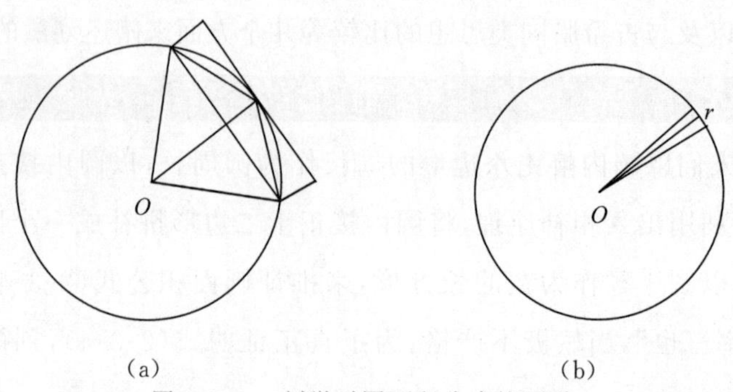

图 3-5-1　刘徽对圆面积公式的证明

显然，这个证明含有明显的极限过程和无穷小分割思想，并且求无穷小分割所得的元素的总和的思想，与欧洲前微积分时期的面积元素法十分接近。

二、刘徽原理

刘徽在记述了用棋验法对长、宽、高相等的阳马、鳖臑的体积公式进行推导之后指出：在 $a \neq b \neq h$ 的情况下，一个长方体分割出的 3 个阳马不全等，所分割出的 6 个鳖臑的形状也不同，因此用棋验法是难以证明式(2-3-13)、式(2-3-14) 的。刘徽必须另辟蹊径。为此，刘徽首先提出了一个重要原理：

邪解堑堵，其一为阳马，一为鳖臑。阳马居二，鳖臑居一，不易之率也。

记阳马体积为$V_{阳马}$，鳖臑体积为$V_{鳖臑}$，刘徽认为，在一个堑堵中，恒有

$$V_{阳马} : V_{鳖臑} = 2 : 1 \tag{3-5-5}$$

吴文俊把它称为刘徽原理。显然，只要证明了刘徽原理，由于堑堵的体积公式(2-3-12)，则式(2-3-13)，式(2-3-14) 是不言而喻的。

刘徽用无穷小分割方法和极限思想证明了刘徽原理式(3-5-5) 是正确的。他说：

设为阳马为分内，鳖臑为分外。棋虽或随修短广狭，犹有此分常率知，殊形异体，亦同也者，以此而已。其使鳖臑广、袤、高各二尺，用堑堵、鳖臑之棋各二，皆用赤棋。又使阳马之广、袤、高各二尺，用立方之棋一，堑堵、阳马之棋各二，皆用黑棋。棋之赤、黑接为堑堵，广、袤、高各二尺。于是中攽其广、袤，又中分其高。令赤、黑堑堵各自适当一方，高一尺，方一尺，每二分鳖臑，则一阳马也。其余两端各积本体，合成一方焉。是为别种而方者率居三，通其体而方者率居一。虽方随棋改，而固有常然之势也。按：余数具而可知者有一、二分之别，即一、二之为率定矣。其于理也岂虚矣？若为数而穷之，置余广、袤、高之数各半之，则四分之三又可知也。半之弥少，其余弥细，至细曰微，微则无形，由是言之，安取余哉？

刘徽在这里仍然使用了 $a = b = h = 1$ 尺的棋。可是刘徽指出，这些论述完全适用于 $a \neq b \neq h$ 的情形。刘徽将由两个小堑堵 Ⅱ′、Ⅲ′，两个小鳖臑 Ⅳ′、Ⅴ′ 合成的鳖臑[图 3-5-2(a)] 与由一个小长方体 Ⅰ，两个小堑堵 Ⅱ、Ⅲ，两个小阳马 Ⅳ、Ⅴ 合成的阳马[图 3-5-2(b)] 拼合成一个堑堵，如图 3-5-2(c) 所示，则相当于堑堵被三个互相垂直的平面平分。而小堑堵 Ⅱ 与 Ⅱ′、Ⅲ 与 Ⅲ′ 可以分别拼合成与 Ⅰ 全等的小长方体，如图 3-5-2(e)，(f) 所示。小阳马 Ⅳ 与小鳖臑 Ⅳ′，小阳马 Ⅴ 与小鳖臑 Ⅴ′ 可以分别拼合

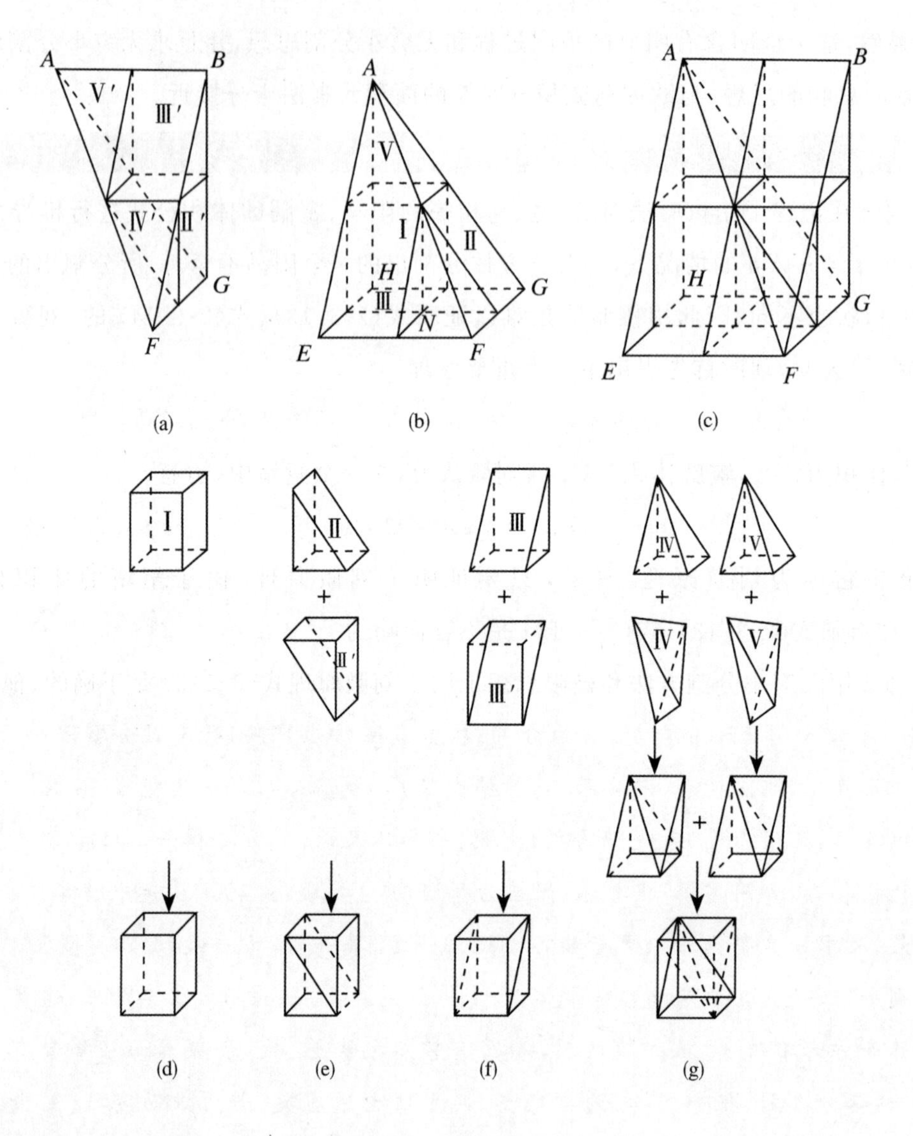

图 3-5-2　刘徽原理之证明

成两个与小堑堵Ⅱ、Ⅲ、Ⅱ′、Ⅲ′全等的小堑堵，它们又可以拼合成与Ⅰ全等的第4个小长方体，如图3-5-2(g)所示。显然，在前三个小长方体Ⅰ、Ⅱ-Ⅱ′、Ⅲ-Ⅲ′中，属于阳马的和属于鳖臑的体积的比是2∶1，即在原堑堵的$\frac{3}{4}$中式(3-5-3)成立，所谓“别种而方者率居三”。刘徽认为，若能证明式(3-5-3)在第4个小长方体中成立，则式(3-5-3)便在整个堑堵中成立。而第4个小长方体中的两个小堑堵与原堑堵完全相似，所谓“通其体而方者率居一”。因此，上述分割过程完全可以继续在剩余的两个小堑堵中施行，那么又可以证明在其中的$\frac{3}{4}$中式(3-5-3)成立，在其中的$\frac{1}{4}$中尚未知。换言之，已经证明了原堑堵中的$\frac{3}{4}+\frac{1}{4}\times\frac{3}{4}$中式(3-5-3)成立，而在$\frac{1}{4}\times\frac{1}{4}$中尚未知。这个过程可以无限继续下去，第$n$次分割后只剩原堑堵的$\frac{1}{4^n}$中式(3-5-3)是否成立尚未知。显然，$\lim\limits_{n\to\infty}\frac{1}{4^n}=0$。这就在整个堑堵中证明了式(3-5-5)，即刘徽原理成立。

刘徽原理是刘徽多面体体积理论的基础。在完成刘徽原理的证明之后，刘徽说：

不有鳖臑，无以审阳马之数，不有阳马，无以知锥亭之类，功实之主也。

换言之，鳖臑是刘徽解决多面体体积问题的关键。

刘徽将多面体体积问题的解决最后归结为鳖臑，即四面体体积，而鳖臑体积的解决必须借助于无穷小分割，就是说，刘徽把多面体体积理论建立在无穷小分割基础之上。这种思想符合现代的体积理论。高斯提出了多面体体积的解决不借助于无穷小分割是不可能的猜想。希尔伯特(Hilbert，1862—1943)以这个猜想为基础在1900年提出了《数学问题》的第三问题。不久，他的学生德恩(Dehn，1878—1952)解决了希尔伯特的第三问题。

三、圆体体积与祖暅之原理

中国古代处理圆柱、圆锥、圆亭及球等圆体体积，主要借助于截面积原理，即祖暅之原理。这是另一种形式的无穷小分割，西方称作卡瓦列里(Cavalieri，1598—1647)原理。

(一) 祖暅之原理

1.《九章算术》时代的底面积原理

祖暅之原理有一个发展过程。实际上，《九章算术》和秦汉数学简牍给出了若干圆体的体积公式，除了使用周三径一不精确和球体积错误之外，都是正确的。笔者认为，这些圆体体积公式是通过比较圆体与相应的方体的底面积得到的，比如刘徽注记述的从以圆锥底周长为底边长构造的方锥推导圆锥体积的方法，如图3-5-3所示。这是人们认识祖暅之原理的第一个阶段。

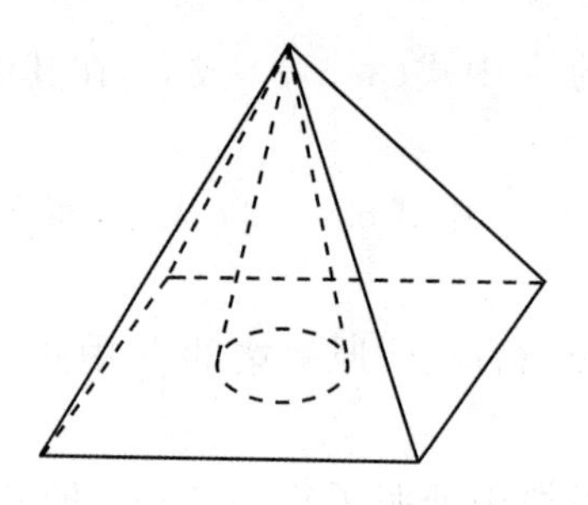

图 3-5-3　方锥与圆锥

2. 刘徽的截面积原理

刘徽在求由羡除分割出来的大鳖臑的体积时，提出：

> 推此上连无成不方，故方锥与阳马同实。

“成”，训重，层。刘徽是说：同底等高的方锥与阳马没有一层不是相等的方形，所以它们的体积才相等，如图 3-5-4 所示。这是十分明确的截面积原理，并且把立体看成无数层平面一层层叠积而成的，类似于卡瓦列里的不可分量。应该说，刘徽已经认识到祖暅之原理的实质。

刘徽常把立体体积称作积分，如“三方亭之积分”等。这里的积分当然不同于积分学中的积分，但其本质是一致的。实际上，点与线，线与面，都有类似于平面与立体的关系。割圆术中刘徽实际上认为圆周是由无数个点积累而成的。所以，刘徽也称线为“积分”，如委粟注中说“径之积分”。

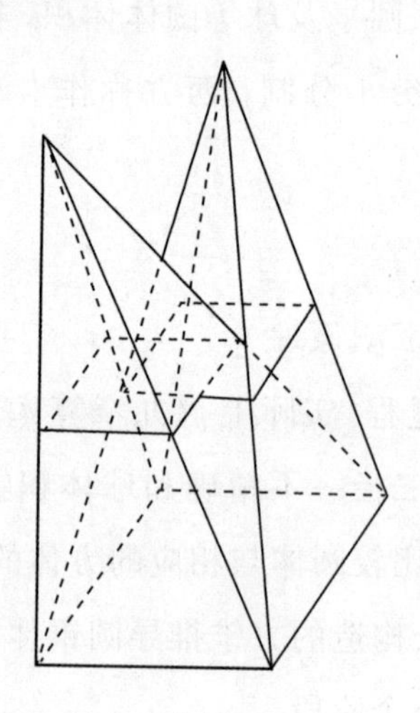

图 3-5-4　方锥与阳马同实

3. 祖暅之原理

祖暅之继承了刘徽关于截面积原理的深刻认识，以相当简洁的文字概括了这一原理：

> 夫叠棋成立积，缘幂势既同，则积不容异。

就是说，两立体，若它们任意等高处的截面积相等，则它们的体积相等。这就是祖暅之原理，它与卡瓦列里原理是等价的。

祖暅之在求刘徽设计的牟合方盖的体积时，考虑了两组立体，若它们分别在任意等高处的截面积之和相等，则它们的体积相等。

（二）牟合方盖与球体积

1. 刘徽设计的牟合方盖

前已指出，刘徽为解决球体积，设计了牟合方盖。他说：

> 取立方棋八枚，皆令立方一寸，积之为立方二寸。规之为圆囷，径二寸，高二寸。又复横因之，则其形有似牟合方盖矣。八棋皆似阳马，圆然也。按：合盖者，方率也；丸居其中，即圆率也。推此言之，谓夫圆囷为方率，岂不阙哉？

圆囷（qūn）就是圆柱体。刘徽取两个相等的圆柱体使之正交，其公共部分称作牟合方盖，如图 3-5-5 所示。设牟合方盖的体积为$V_{方盖}$，刘徽指出：

$$V_{球} : V_{方盖} = \pi : 4 \tag{3-5-6}$$

刘徽认为，只要求出牟合方盖的体积，便可求出球的体积公式，从而指出了解决球体积的正确途径。刘徽经过努力未能求出牟合方盖的体积，二百年后，祖冲之父子彻底解决了这个问题。

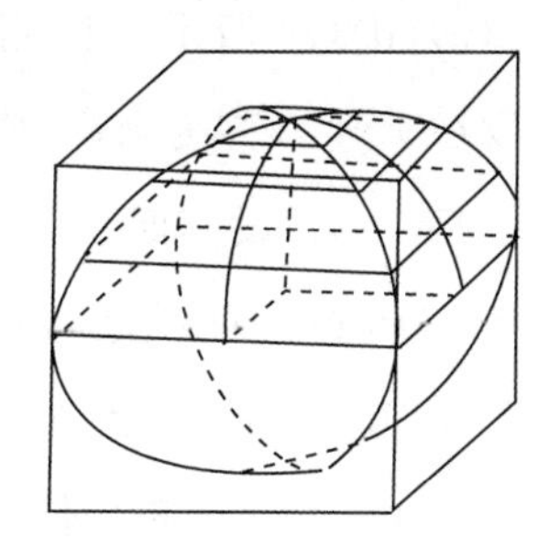

图 3-5-5　牟合方盖

2. 祖暅之关于牟合方盖的求积方法

祖暅之利用祖暅之原理求出了牟合方盖的体积，解决了球体积问题，完成了刘徽的遗志。李淳风等《九章算术注释》卷四引祖暅之开立圆术说：

祖暅之开立圆术曰：以二乘积，开立方除之，即立圆径。其意何也？取立方棋一枚，令立枢于左后之下隅，从规去其右上之廉；又合而横规之，去其前上之廉。于是立方之棋分而为四：规内棋一，谓之内棋；规外棋三，谓之外棋。规更合四棋，复横断之。以勾股言之，令余高为勾，内棋断上方为股，本方之数，其弦也。勾股之法：以勾幂减弦幂，则余为股幂。若令余高自乘，减本方之幂，余即内棋断上方之幂也。本方之幂即此四棋之断上幂。然则余高自乘，即外三棋之断上幂矣。不问高卑，势皆然也。然固有所归同而涂(tú)殊者尔。而乃控远以演类，借况以析微。按：阳马方高数参等者，倒而立之，横截去上，则高自乘与断上幂数亦等焉。夫叠棋成立积，缘幂势既同，则积不容异。由此观之，规之外三棋旁蹙(cù)为一，即一阳马也。三分立方，则阳马居一，内棋居二可知矣。合八小方成一大方，合八内棋成一合盖。内棋居小方三分之二，则合盖居立方亦三分之二，较然验矣。置三分之二，以圆幂率三乘之，如方幂率四而一，约而定之，以为丸率。故曰丸居立方二分之一也。

涂，本义是涂水，引申为道路、泥巴、门路等。蹙，缩合。祖暅之考虑立方的八分之一。他着眼于正方体中在切割出牟合方盖后剩余的部分。正方体的$\frac{1}{8}$为$ABCDEFGO$，如图 3-5-6(a) 所示。其内切牟合方盖的$\frac{1}{8}$为$AEFGO$，称为内棋，如图 3-5-6(b) 所示。正方体与牟合方盖之间的部分在切割出牟合方盖时被切割成三部分：$ABGF$，$ADEF$，$ABCDF$，称为外三棋，如图 3-5-6(c)(d)(e) 所示。用一平面在高OA上任一点N处横截$ABCDEFGO$，得截面$IJKN$。设$ON=a$，称为余高，则其截面$IJKN$的面积为球半径之平方r^2。内棋的截面为正方形$NMHL$，设其面积为b^2，那么，显然，外三棋的截面，即长方形$LHQK$，$MIPH$和正方形$HPJQ$的面积之和应为r^2-b^2。而由勾股形ONM，$r^2-b^2=a^2$，即余高自乘。而a^2恰恰等于一个长、宽、高相等的倒置的阳马距顶点为a处的横截面积，如图 3-5-6(f) 所示。由祖暅之原理，外三棋的体积之和与其长、宽、高为球半径r的阳马的体积相等，即等于小立方的$\frac{1}{3}$。因此，内棋的体积是小立方的$\frac{2}{3}$。这就证明了牟合方盖的体积是其外切正方体体积的$\frac{2}{3}$。若取$\pi=3$，则球体积为

$$V_{球}=\frac{2}{3}\times\frac{3}{4}D^3=\frac{1}{2}D^3 \tag{3-5-7}$$

从而最终解决了球体积问题。

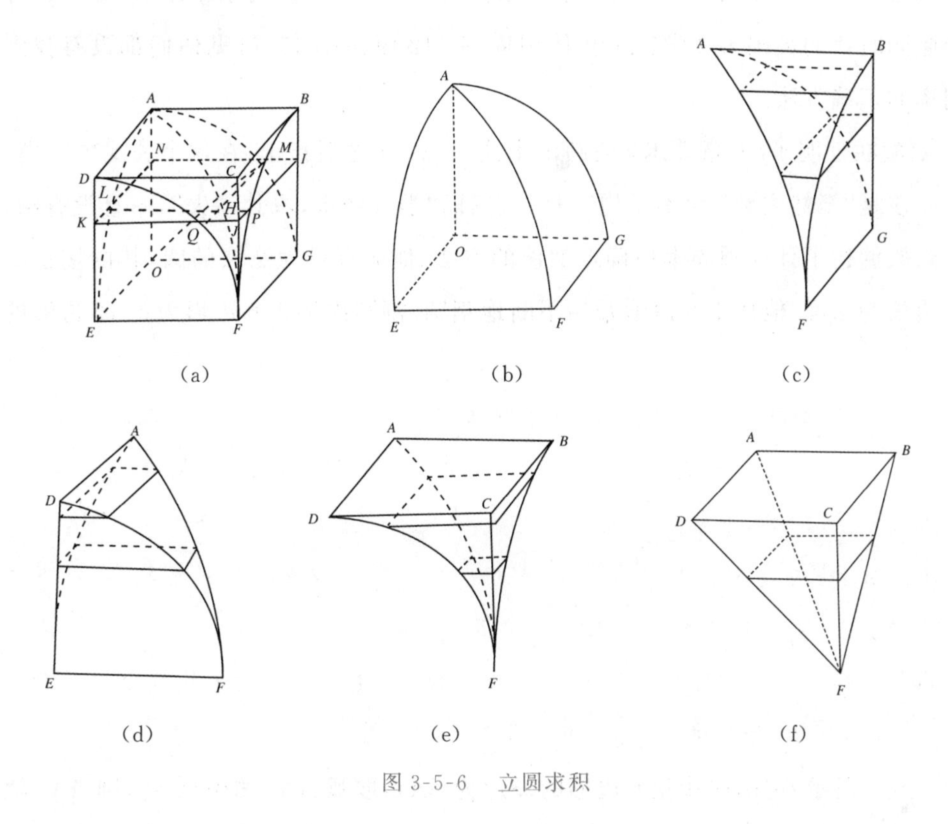

图 3-5-6　立圆求积

祖暅之的高明之处在于，他将祖暅之原理应用于几块立体的截面积之和与另一立体的截面积的比较上；而且，这几块立体的截面积也没有保持同一形状，而是逐渐变化的；更重要的，各截面积的变化率也不是如《九章算术》和刘徽所论者都是线性，而是非线性的。这种应用的拓展表明祖暅之对此原理的认识比刘徽进了一大步。

四、极限思想在近似计算中的应用 —— 以圆周率为例

许多著述把刘徽求圆周率的程序、弧田面积密率的计算，以及开方不尽求微数都说成是极限过程，这是似是而非的看法。实际上，这里都没有极限过程，而是极限思想在近似计算中的应用。这里仅介绍刘徽求圆周率的程序。

（一）圆周率

1. 刘徽的求圆周率程序

《九章算术》和秦汉数学简牍中都有与圆有关的面积、体积公式，它们所属的例题中的周、径之比都是 3∶1，并且沿袭很久。西汉刘歆（?—23）为王莽制造铜斛时，实

际上使用的圆周率相当于3.1547，东汉张衡(78—139)求出周率$\sqrt{10}$而径率1，大约与刘徽同时代的吴国天文学家王蕃使用周率142而径率45。可见他们都没有找到求圆周率的正确方法。

刘徽在证明了《九章算术》的圆田术式(2-3-4)之后指出：在这个公式中的周、径之比应该是“至然之数”而不是周三径一。然而“学者踵古，习其谬失”，一直没有纠正。因而刘徽创造了计算圆周率精确近似值的方法。他取直径为2尺的圆，其内接正6边形的边长为1尺。他从正6边形开始不断地割圆。割圆内接正6边形为正12边形的方法是：

> 割六觚以为十二觚术曰：置圆径二尺，半之为一尺，即圆里觚之面也。令半径一尺为弦，半面五寸为勾，为之求股。以勾幂二十五寸减弦幂，余七十五寸，开方除之，下至秒、忽。又一退法，求其微数。微数无名知以为分子，以十为分母，约作五分之二。故得股八寸六分六厘二秒五忽五分忽之二。以减半径，余一寸三分三厘九毫七秒四忽五分忽之三，谓之小勾。觚之半面而又谓之小股。为之求弦。其幂二千六百七十九亿四千九百一十九万三千四百四十五忽，余分弃之。开方除之，即十二觚之一面也。

如图3-5-7所示，记圆内接正6边形的一边为AA_1，取弧AA_1的中点A_2，则AA_2就是圆内接正12边形的一边，OA_2与AA_1交于P_1。考虑勾股形AOP_1，由勾股定理、开方术和开方不尽求微数的方法，股$OP_1=\sqrt{OA^2-AP_1^2}=\sqrt{10^2-5^2}=866025\frac{2}{5}$忽为边心距。余径$P_1A_2=OA_2-OP_1=133974\frac{3}{5}$忽。再考虑勾股形$AP_1A_2$，弦$AA_2=\sqrt{P_1A_2^2-AP_1^2}=\sqrt{267949193445}$忽为圆内接正12边形之一边长。

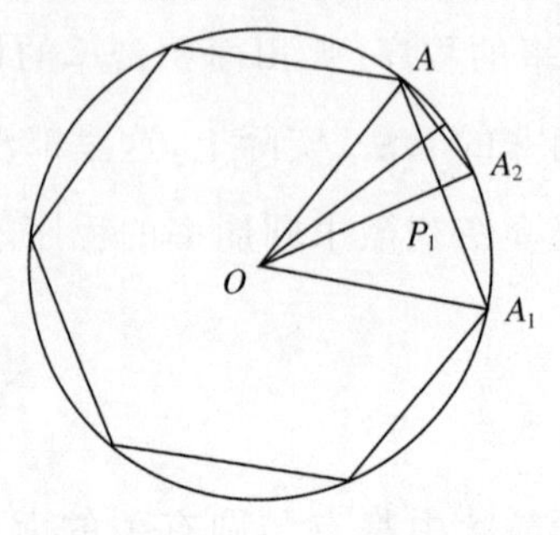

图3-5-7 割六觚为十二觚

依照同样的程序，刘徽算出正12边形的边心距、余径，48边形的一边长、边心距、余径，以及96边形的面积、一边长，192边形的面积，见表3-1。

表3-1　圆内接正多边形各元素计算

割次	正多边形	边长(忽)	边心距(忽)	余径(忽)	面积(寸²)
0	6	1000000	$866025\frac{2}{5}$	$133974\frac{3}{5}$	
1	12	$\sqrt{267949193445}$	$965925\frac{4}{5}$	$34074\frac{1}{5}$	
2	24	$\sqrt{68148349466}$	$991444\frac{4}{5}$	$8555\frac{1}{5}$	
3	48	130806	$997858\frac{9}{10}$	$2141\frac{1}{10}$	
4	96	65438			$S_4=313\frac{584}{625}$
5	192				$S_5=314\frac{64}{625}$

接着刘徽算出差幂

$$S_5-S_4=314\frac{64}{625}\text{寸}^2-313\frac{584}{625}\text{寸}^2=\frac{105}{625}\text{寸}^2$$

那么

$$S_4+2(S_5-S_4)=313\frac{584}{625}\text{寸}^2+\frac{210}{625}\text{寸}^2=314\frac{169}{625}\text{寸}^2>S$$

于是

$$314\frac{64}{625}\text{寸}^2<S<314\frac{169}{625}\text{寸}^2 \qquad (3\text{-}5\text{-}8)$$

由于S_5和$S_4+2(S_5-S_4)$的整数部分都是314寸²，刘徽便取314寸²作为圆面积的近似值。将圆面积的近似值代入《九章算术》的圆面积公式(2-3-4)，那么圆周长$l\approx 2\times$ 314寸$^2\div$10寸$=$6尺2寸8分。刘徽将直径$d=$2尺与周长$l\approx$6尺2寸8分相约，周长得157，直径得50，这就是圆周长和直径的相与之率。用现今的符号，就是$\pi=\frac{157}{50}$。

这是中国数学史上首创的求圆周率精确近似值的科学方法。刘徽将$\frac{157}{50}$称之为徽术，后来也被称为徽率。刘徽用它修正了《九章算术》中公式(2-3-4) 所属的关于圆面积的两个例题的答案，又将圆面积公式(2-3-6) 修正为 $S=\frac{157}{200}d^2$；将圆面积公式(2-3-7) 修正为 $S=\frac{25}{314}l^2$；还修正了与圆有关的其他图形的面积、体积公式、开圆术及其例题。

刘徽指出，上述周径相与率中，“周率犹为微少也”。因此，他又求出正 1536 边形的一边长，算出正 3072 边形的面积，裁去微分，求出圆周长近似值 6 尺 2 寸 $8\frac{8}{25}$ 分，与直径 2 尺相约，周长得 3927，直径得 1250，这就是圆周长和直径的相与之率，即 $\pi=\frac{3927}{1250}$。

刘徽关于圆周率的计算赶上并超过了古希腊的阿基米德，奠定了此后中国在圆周率计算方面领先于世界数坛千余年的理论和数学方法的基础。数典不能忘祖，我们称颂祖冲之将圆周率精确到 8 位有效数字的杰出贡献，但不能忘记在中国首创正确的圆周率求法的刘徽。

2. 祖率

《隋书・律历志》在回顾了人们认识圆周率值的过程之后，谈到了祖冲之的贡献：

> 宋末，南徐州从事史祖冲之更开密法，以圆径一亿为一丈，圆周盈数三丈一尺四寸一分五厘九毫二秒七忽，朒数三丈一尺四寸一分五厘九毫二秒六忽，正数在盈、朒二限之间。密率：圆径一百一十三，圆周三百五十五。约率：圆径七，周二十二。

此相当于 $3.1415926<\pi<3.1415927$，密率：$\pi=\frac{355}{113}$。前者直到 1247 年才被阿拉伯数学家阿尔・卡西所超过。而后者则是分母小于 16604 的接近 π 的真值的最佳分数，它于 1573 年才被德国数学家奥托重新发现。后来，荷兰工程师安托尼兹也得到同样的结果。西方将其称为安托尼兹率。日本学者三上义夫建议将其称为祖率，是十分必要的。

祖冲之是怎样求出上述值的，史书没有记载。一般认为，他是利用刘徽的计算圆周率的程序求得 π 的8位有效数字的，那么需要计算正 6×2^{11} 边形的面积。至于密率是怎么求得的，数学史界有各种猜测。钱宝琮认为祖冲之是用何承天的调日法求得的。

(二) 圆率和方率

刘徽在求圆周率的同时，还考虑了方中容圆、圆中容方的问题。在求出圆面积 $S\approx314$ 寸^2 之后，刘徽说：

> 令径自乘为方幂四百寸，与圆幂相折，圆幂得一百五十七为率，方幂得二百为率。方幂二百，其中容圆幂一百五十七也。圆率犹为微少。按：弧田图令方中容圆、圆中容方，内方合外方之半。然则圆幂一百五十七，其中容方幂一百也。

刘徽将圆的外切正方形称为外方，设其面积为$S_{外方}$；刘徽将圆的内接正方形称为内方，设其面积为$S_{内方}$，刘徽是说：

$$S_{外方}:S:S_{内方}=200:157:100$$

这个比例式在弧田术及修正与圆有关的面积、体积公式时特别有用。

同样，刘徽在求出圆面积 $S\approx314\frac{4}{25}$ 寸^2 之后又得出

$$S_{外方}:S:S_{内方}=5000:3927:2500$$

五、刘徽的面积推导系统

刘徽给《九章算术》作注，没有改变其术文和题目的顺序。那么，两者的推导系统是不是相同呢？回答是否定的，尤以面积和体积的推导系统的区别最为典型。先看面积问题。

(一)《九章算术》时代的面积推导系统

根据刘徽《九章算术注》的提示，《九章算术》时代，人们对要求积的直线形进行分割，借助于出入相补原理，拼合成一个长方形，推求其面积公式。而对曲线形是先以一个近似的多边形取代之再进行分割，实际上并没有证明曲边形的面积公式，由此得

出要求积的曲边形面积公式，是一个归纳过程，而不是演绎过程。分割中会出现三角形，主要是勾股形，但是，它们只是原图形的分割和拼合新的长方形的元件，并不需要先证明三角形的面积公式。《九章算术》的面积推导系统如图 3-5-8 所示。

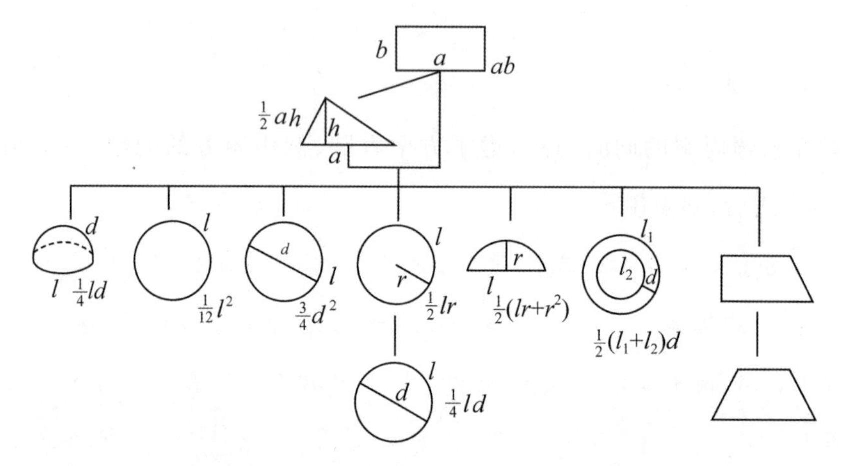

图 3-5-8 《九章算术》的面积推导系统

（二）刘徽的面积推导系统

刘徽对面积公式的证明虽仍使用出入相补原理，却以极限思想和无穷小分割方法为核心，并且以演绎逻辑为主。逻辑方法的改变必然导致知识结构的改变，刘徽的面积推导系统与《九章算术》有根本的区别。它有几个明显的特点：

第一，对方田术即长方形的面积公式，刘徽未试图证明，而是给出了幂即面积的定义：

> 凡广从相乘谓之幂。

察整个《九章算术注》中，刘徽没有证明的术文凡 62 条，其中有 60 条因注解了同类的术文而不再注者之外，那么，刘徽没有证明的只有方田术、方堢壔术 2 条术文。这显然不是刘徽的疏漏，而是将长方形、长方体的体积公式看成定义，是不必证明的。

第二，在刘徽的面积理论系统中，不仅直线形，而且曲线形中除了宛田外所有的面积公式都是被严格证明的。

第三，三角形的面积公式是刘徽的面积理论系统的核心，而无穷小分割方法则在其中起着关键的作用。刘徽对圆田、弧田，进而还有环田等曲线形面积公式的证明或解决，也都必须使用三角形的面积公式，并且不借助于极限思想和无穷小分割方法是不可能的。

总之，刘徽的面积问题的推导形成了一个完整的理论体系，大体如图 3-5-9 所示。将其与图 3-5-8 比较，即可见两者的区别。

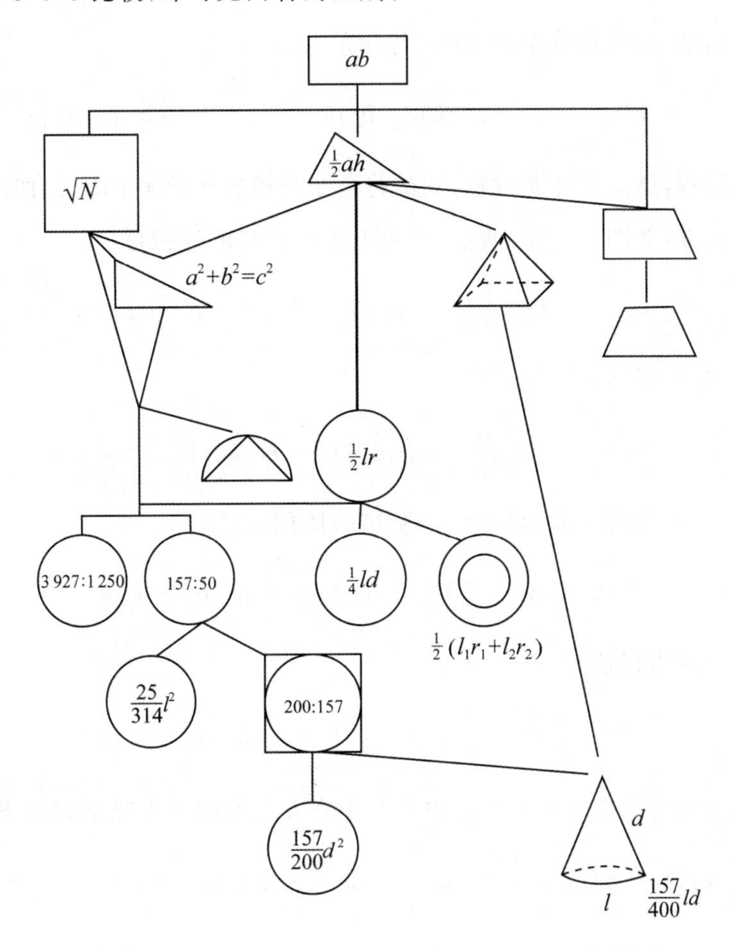

图 3-5-9　刘徽的面积理论体系

六、刘徽的体积推导系统

（一）对多面体体积公式的证明

1. 有限分割求和法 —— 锥亭之类体积公式的证明

在证明了刘徽原理，解决了阳马、鳖臑的体积问题之后，刘徽对各种多面体，都是将其分割为有限个长方体、堑堵、阳马、鳖臑，求其体积之和，以证明其体积公式，我们称之为有限分割求和法。谨以刍童为例，刘徽说：

> 为术又可令上、下广、袤差相乘，以高乘之，三而一，亦四阳马；上、下广、袤互相乘，并而半之，以高乘之，即四面六堑堵与二立方；并之，为刍童积。

这是刘徽提出的与《九章算术》的公式等价的公式：

$$V = \frac{1}{3}(a_2 - a_1)(b_2 - b_1)h + \frac{1}{2}(a_2 b_1 + a_1 b_2)h \tag{3-5-9}$$

公式的阐述过程，就是其证明过程：刘徽将刍童分解成四角 4 个阳马、四面 6 个堑堵和中央的 2 个立方，如图 3-5-10 所示。四角上 1 个阳马的体积是

$$\frac{1}{3} \times \frac{1}{2}(a_2 - a_1) \times \frac{1}{2}(b_2 - b_1)h = \frac{1}{4} \times \frac{1}{3}(a_2 - a_1)(b_2 - b_1)h$$

因此，四角上 4 个阳马的体积就是

$$\frac{1}{3}(a_2 - a_1)(b_2 - b_1)h$$

这是公式(3-5-9)的第 1 项。两端 2 个堑堵的体积是

$$2 \times \frac{1}{2} a_1 \times \frac{1}{2}(b_2 - b_1)h = \frac{1}{2} a_1(b_2 - b_1)h$$

两旁 4 个堑堵的体积是

$$2 \times \frac{1}{2} b_1 \times \frac{1}{2}(a_2 - a_1)h = \frac{1}{2} b_1(a_2 - a_1)h$$

中央 2 个立方的体积是$a_1 b_1 h$。于是中央 2 个立方与四面 6 个堑堵的体积之和为

$$\frac{1}{2} a_1(b_2 - b_1)h + \frac{1}{2} b_1(a_2 - a_1)h + a_1 b_1 h = \frac{1}{2}(a_2 b_1 + a_1 b_2)h$$

这就是公式(3-5-9)的第 2 项。

这种证明方式对任何刍童都是适应的，是一种真正的数学证明。

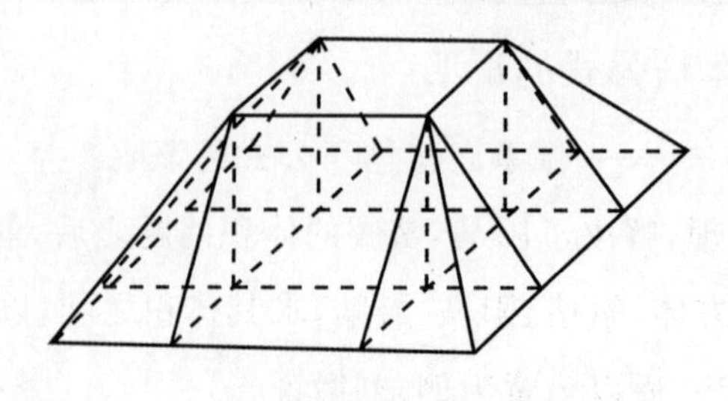

图 3-5-10　刍童的分割

2. 分离方锥求鳖臑法

(1) 分离方锥求鳖臑

在证明《九章算术》给出的羡除体积公式(2-3-18)时，刘徽根据不同情况，分割出堑堵、阳马和各种形状的鳖臑。有几种鳖臑是与《九章算术》给出的形状不同的四面体。刘徽没有直接用公式(2-3-14)求其体积，而是重新进行推导。

比如对下广、末广相等的羡除，可以分解出一个堑堵及夹堑堵的两个鳖臑，如图3-5-11(a)所示。然而这里的鳖臑是三棱互相垂直于一点的四面体，如图3-5-11(b)所示。刘徽采用将其从方锥中分离出来，证明其体积公式仍是式(2-3-14)，其方法是：

> 合四阳马以为方锥。邪画方锥之底，亦令为中方。就中方削而上合，全为中方锥之半。于是阳马之棋悉中解矣。中锥离而为四鳖臑焉。故外锥之半亦为四鳖臑。虽背正异形，与常所谓鳖臑参不相似，实则同也。所云夹堑堵者，中锥之鳖臑也。

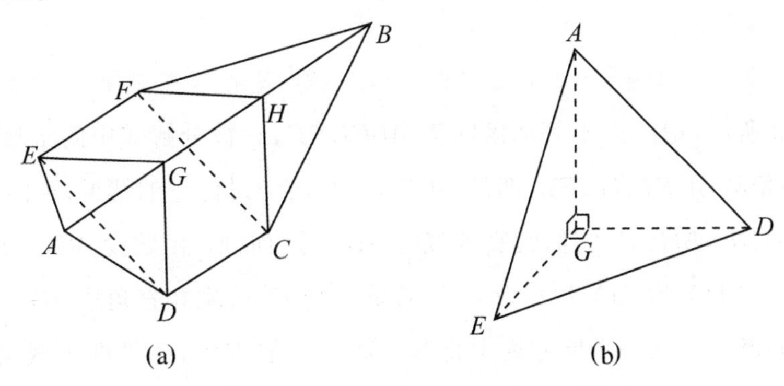

图3-5-11　下广、末广相等之羡除的分割

其中两“半(pàn)”字，训片。刘徽取四个阳马 $AGEND$，$AGDPR$，$AGRQS$，$AGSME$，合成方锥 $AMNPQ$，如图3-5-12所示。由方锥体积公式(2-3-12)，其体积为$V_{fz}=\frac{4}{3}\times DG\times EG\times AG$。连 $EDRS$，是一个中方。由中方削至顶点 A，把方锥 $AMNPQ$ 分成两部分，一部分是中方锥 $AEDRS$，其体积为$V_{zfz}=\frac{2}{3}\times DG\times EG\times AG$；另一部分是外面剩余的部分。这种分割方式，使中方锥成为四片。四个阳马也被中解。中方锥分成的四片，恰恰就是我们所要求积的夹堑堵的鳖臑：$AGDE$，$AGRD$，$AGSR$，$AGES$，它们都全等，因此每个的体积是中方锥的$\frac{1}{4}$，即$V_b=\frac{1}{4}\times\frac{2}{3}\times DG\times EG\times AG=\frac{1}{6}\times DG\times$

$EG \times AG$。AG 是鳖臑的高，DG，EG 分别是广、袤，与式(2-3-14)取同样的形式。

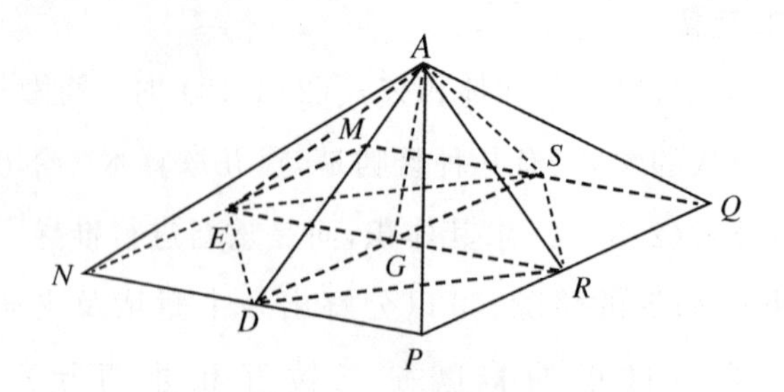

图 3-5-12　分离方锥求鳖臑

同时，由于方锥 $AMNPQ$ 割出中方锥 $AEDRS$ 之后剩余的部分又是四个全等的四面体：$ANDE$，$APRD$，$AQSR$，$AMES$，它们的高的垂足在底面之外直角顶以斜边为轴的对称点上，刘徽也称它们为鳖臑，并且其体积公式显然也与式(2-3-14)一致。

(2) 分离椭方锥求大鳖臑

刘徽分解《九章算术》给出的三广不等的羡除时得出一种大鳖臑，刘徽说：

> 此本是三广不等，即与鳖臑连者。别而言之：中央堑堵广六尺、高三尺、袤七尺。末广之两旁，各一小鳖臑，皆与堑堵等。令小鳖臑居里，大鳖臑居表。

如图 3-5-13 所示，记三广不等的羡除为 $ABCDEF$，它被分解成中间堑堵 $GHCDIJ$，两边各一小鳖臑 $GDEI$、$HCFJ$，都是《九章算术》已经讨论过的情形；再向外两边各有一大鳖臑 $AGDE$，$BHCF$。它们的底 AGD、BHC 是勾股形(由题设 $AG = BH = 2$ 尺，$DG = CH = 3$ 尺)，高 EO、FO' 为 7 尺，其垂足 O、O' 分别在直角边 AG、BH 上。对这种大鳖臑，刘徽采用从一个椭方锥中将其分离出来的方法，并借助于截面积原理，证明它的体积公式也是式(2-3-14)。即$V_{db} = \dfrac{1}{6}AG \times DG \times EO$。

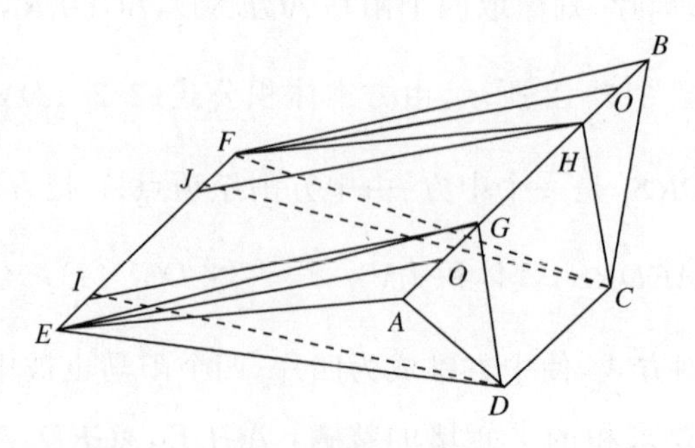

图 3-5-13　三广不等羡除之分割

刘徽将大鳖臑从一个椭方锥中分离出来的方法是：

则大鳖臑皆出随方锥：下广二尺，袤六尺，高七尺。分取其半，则为袤三尺。以高、广乘之，三而一，即半锥之积也。邪解半锥得此两大鳖臑。求其积，亦当六而一，合于常率矣。按：阳马之棋两邪，棋底方。当其方也，不问旁角而割之，相半可知也。推此上连无成不方，故方锥与阳马同实。角而割之者，相半之势。此大小鳖臑可知更相表里，但体有背正也。

随，音义均通"椭"。所谓椭方锥就是底面为长方形的方锥。根据《九章算术》的题目的具体情形，刘徽设计了一个底广 2 尺、袤 6 尺、高 7 尺的椭方锥 $ECDMN$，如图 3-5-14 所示。以高 EO 所在的过 MN、CD 的中点 A、G 的平面 EAG 平分该椭方锥，成为两个半锥 $EGCNA$ 和 $EGDMA$，它们实际上是阳马，其体积都是椭方锥的一半，即 $V_{btz}=\frac{1}{3}AG\times DG\times EO$。再由两半方锥的底面的对角线 AC、AD 与顶点 E 构成的平面 EAC、EAD 分解这两个半方锥，得到四面体 $AGCE$、$AGDE$，它们就是所要求积的两大鳖臑。刘徽认为，它们的体积各是半方锥即阳马的一半，即 $V_{db}=\frac{1}{3}AG\times DG\times EO$，仍取式(2-3-14)的形式。

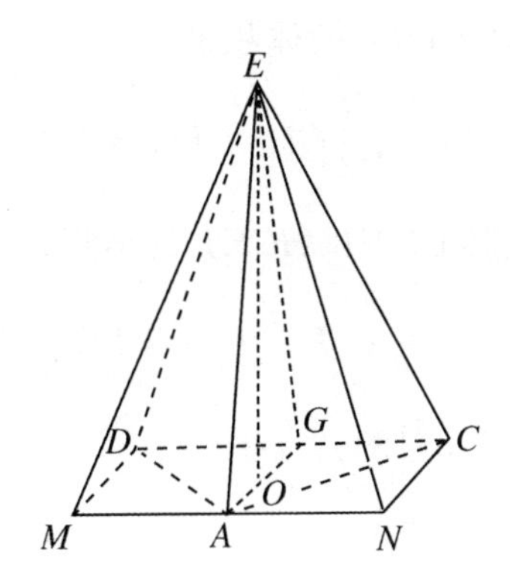

图 3-5-14　椭方锥分离大鳖臑

为什么呢？刘徽借助于截面积原理回答了这个问题。刘徽说："上连无成不方，故方锥与阳马同实。"就是说，同底等高的方锥与阳马每一层都是相等的方形，所以其体积相等。刘徽还提出一个命题：一个长方形，不管是用对角线分割，还是用对边中点的连线分割，其面积都被平分，如图 3-5-15 所示。刘徽进而提出一个推论：若一个立体，每一层都被一平面所平分，则整个立体被该平面所平分。

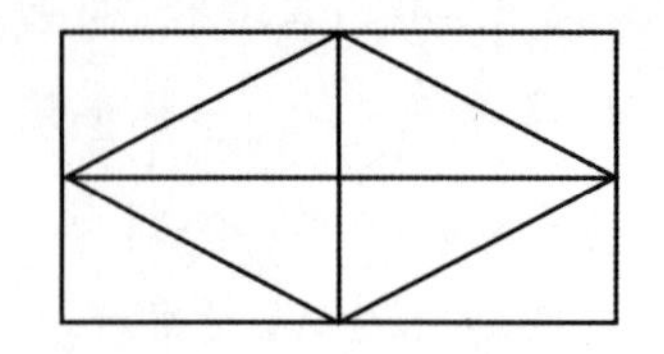

图 3-5-15　旁角而割之

再回头看大鳖臑，它们是由半锥 $EGCNA$ 和 $EGDMA$ 分别被平面 EAC、EAD“角而割之”得到的，换言之，半锥 $EGCNA$ 和 $EGDMA$ 的体积分别被平面 EAC、EAD 所平分。因此，大鳖臑 $AGCE$、$AGDE$ 的体积都是半锥 $EGCNA$ 的一半，大鳖臑 $AGCE$ 就是 $BHCF$，即可归结为式(2-3-14)。

同时，自然又可推出，半锥分割出大鳖臑之后剩余的部分 $AMDE$ 和 $ANCE$ 仍是大鳖臑，其体积公式仍为式(2-3-14)。总之，几种鳖臑的体积公式都归结为式(2-3-14)，接近于提出式(2-3-14)是任一鳖臑的体积公式。

回到羡除：两大鳖臑 $AGDE$，$BHCF$ 的体积是：

$$V_{2db} = \frac{1}{6}(AG + BH) \times DG \times EO$$

根据式(2-3-12)，中间堑堵 $GHCDIJ$ 的体积是：

$$V_q = \frac{1}{2}GH \times DG \times IG$$

根据式(2-4-16)，两边 2 小鳖臑 $GDEI$、$HCFJ$ 的体积是：

$$V_{2xb} = \frac{1}{6}(EI + JF) \times DG \times IG$$

求以上三者之和便证明了式(2-3-18)：

$$\begin{aligned} V_y &= V_q + V_{2xb} + V_{2db} \\ &= \frac{1}{2}GH \times DG \times IG + \frac{1}{6}(EI + JF) \times DG \times IG + \\ &\quad \frac{1}{6}(AG + BH) \times DG \times EO \\ &= \frac{1}{6}(AB + CD + EF) \times DG \times IG \end{aligned}$$

羡除体积的解决，说明刘徽有能力解决任何多面体体积问题。

(二)《九章算术》时代的体积推导系统

根据刘徽《九章算术注》的提示，在《九章算术》时代，人们主要使用出入相补原理推导多面体的体积公式，主要有两种形式，一是以盈补虚，如堑等体积公式的证明；二是棋验法，它只能用来推导可以分割或拼合成三品棋（图 3-5-16）的标准型多面体的体积公式，并不能证明一般的多面体的体积公式。从前者到后者，是一个归纳的过程，因而是不严格的。而且，在棋验法中，只使用长方体的体积公式，并不使用堑堵、阳马的体积公式，堑堵、阳马只是合并、分割的元件。对圆体体积的解决，则主要比较它们与相应的多面体的底面积，由后者推导前者。显然，在《九章算术》的体积推导系统中，三品棋起着核心作用，所谓“说算者乃立棋三品，以效高深之积”。而方锥、方亭、鳖臑、刍童、刍甍等在其中处于同等的地位。《九章算术》时代的体积推导系统大体如图 3-5-17 所示。

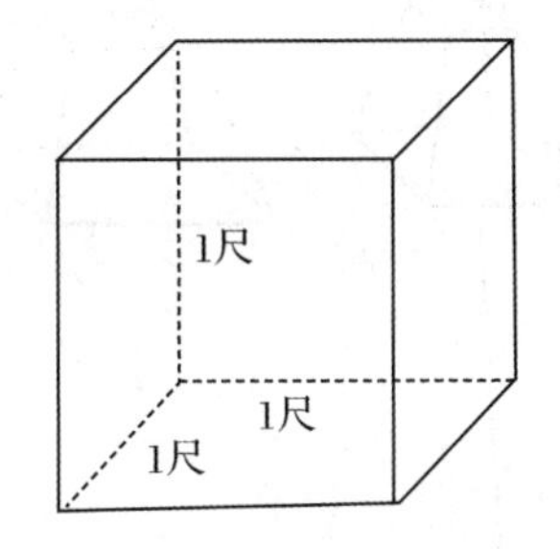

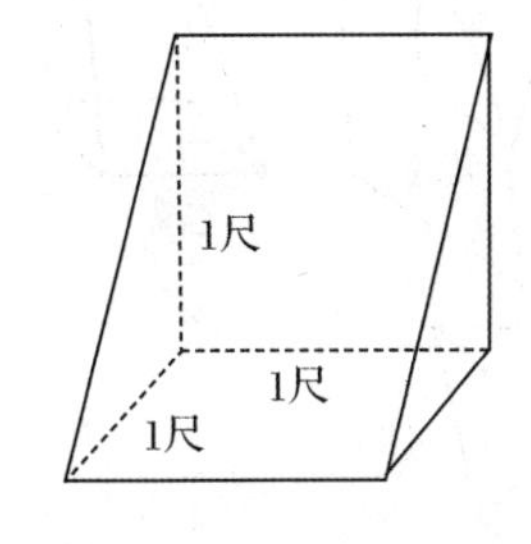

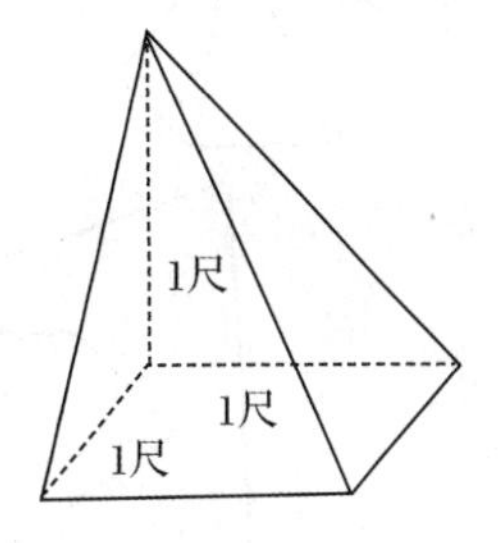

图 3-5-16　三品棋

（三）刘徽的体积推导系统

在刘徽的体积理论中，首先值得注意的是，对长方体的体积公式是当作定义使用的。

更重要的，极限思想和无穷小分割方法在刘徽的体积理论中起着关键的作用。这里主要有几个方面。

一是刘徽原理的证明。刘徽在用极限思想和无穷小分割方法完成刘徽原理的证明之后明确指出，鳖臑是锥亭之类的“功实之主”。其他的多面体都可以通过分割成有限个长方体、堑堵、阳马、鳖臑，求其体积之和求积。这与现代数学的多面体体积理论完全一致。

二是截面积原理及其应用。刘徽已经完全掌握了截面积原理，不仅借此求出了特殊形状的鳖臑的体积，而且成为他由相应的多面体证明圆体体积公式的依据。

就是说，刘徽将其体积理论建立在极限思想和无穷小分割方法之上，与 19 世纪

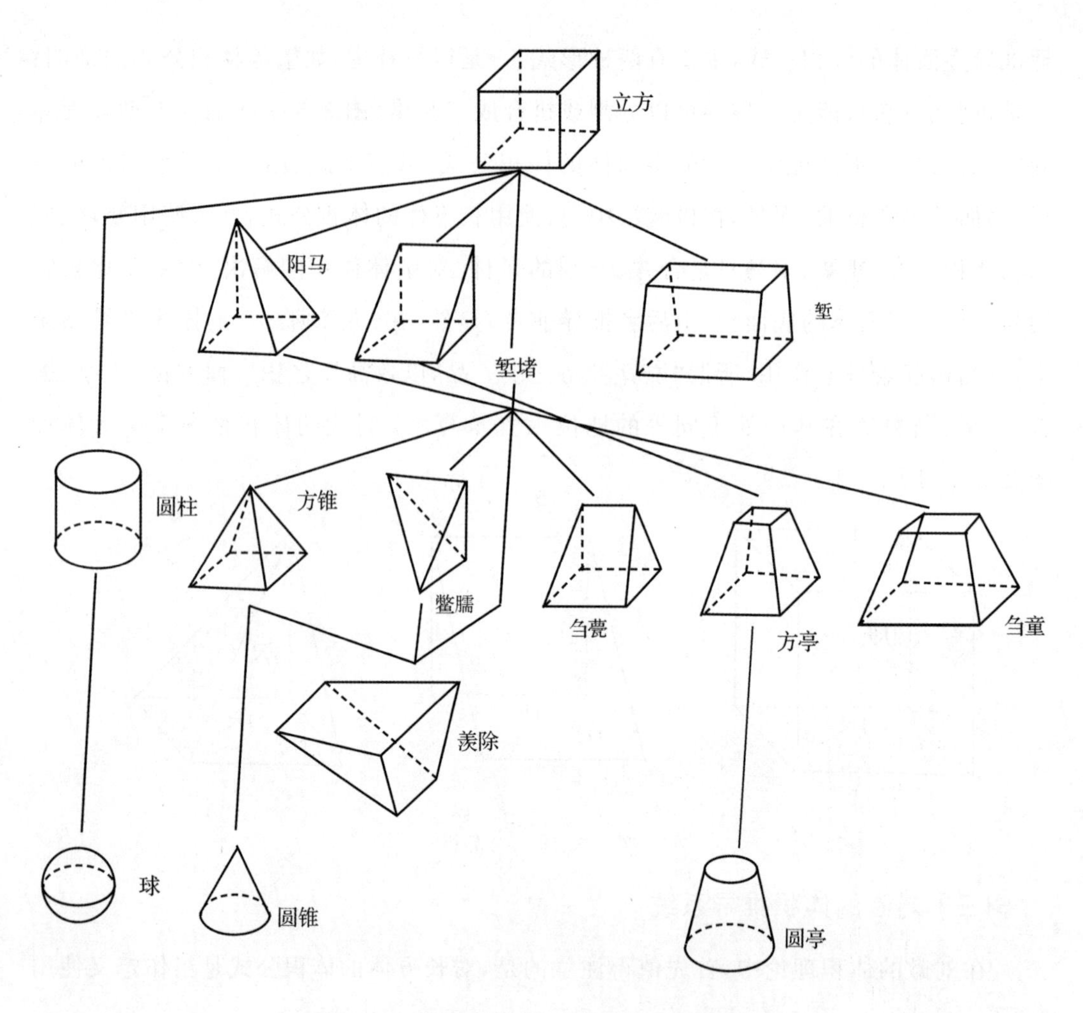

图 3-5-17 《九章算术》时代的体积推导系统

末 20 世纪初高斯、希尔伯特等现代数学大师的思想不谋而合。

三是刘徽对所有立体体积公式的推导，都是使用演绎推理，因而是真正的数学证明。

总之，刘徽的体积理论从长方体的体积公式出发，利用极限思想和无穷小分割方法，以鳖臑和阳马的体积公式为核心，以演绎逻辑为主要方法，形成了一个完整的理论体系，如图 3-5-18 所示。使用极限思想和无穷小分割方法的刘徽原理和截面积原理是这个体系的关键。

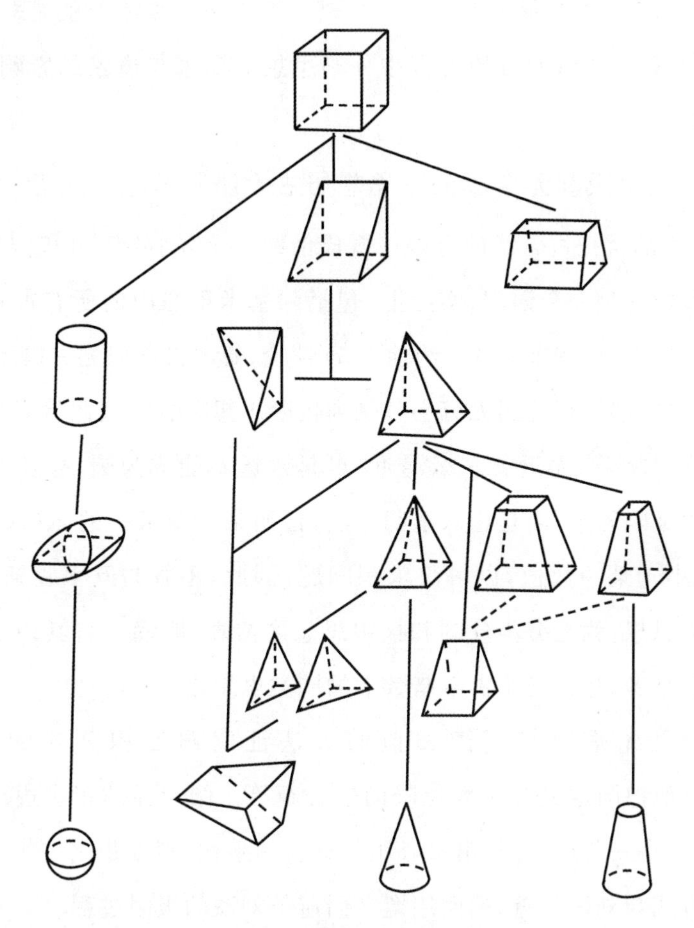

图 3-5-18　刘徽的体积推导系统

七、刘徽的极限思想在数学史上的地位

刘徽的无穷小分割和极限思想在中国和世界数学史上占有重要地位。

(一) 刘徽的无穷小分割思想与墨家、道家、名家

刘徽的无穷小分割和极限思想不是无源之水。先秦墨家、名家、道家等诸子的著作中都或多或少地具有无穷小分割和极限思想。中国古代实际上存在着“实无限”与“潜无限”的分野。名家认为对捶的分割“万世不竭”，是潜无限小的，而墨家认为无限分割的最终会得到“不可新”的“端”，道家认为会得到“不能分”的“无形”，都是实无限小。刘徽在割圆术中的“不可割”与墨家的“不可新”，其含义则是完全相同的，而与名家明显不同。在刘徽原理的证明中刘徽指出：“至细曰微，微则无形。”这显然源于道家

"至精无形""无形者，数之所不能分"的思想。"不能分"实际上就是"不可新""不可割"，也就是"无形"。总之，刘徽的无穷小分割思想受墨家与道家的影响较大，而与名家的观念不同。

(二) 刘徽的极限和无穷小分割思想居古希腊同类思想之上

一些科普作品常把古希腊的穷竭法看成借助于无穷小分割和极限思想证明数学命题的首次尝试。这是一个误解。实际上，包括阿基米德在内的所有古希腊数学家由于无法解释芝诺(Zeno，约前490—约前425)悖论，便不得不把无穷排斥在推理之外，他们在数学证明中都没有使用无穷小分割和极限思想。比如，圆内接多边形可以逼近圆，从理论上说，要多么逼近就多么逼近，可是永远不能成为圆，总还有一个剩余的量。他们不是用极限思想，而是用双重归谬法，证明某一要求积的面积(或体积)既不能大于又不能小于某一数值，以解决求积问题。因此，不管是欧多克斯，还是阿基米德，都没有极限思想。就无穷小分割和极限思想之清晰、明确及将其用于数学证明而言，刘徽虽是后来者，却远居于古希腊数学的同类思想之上。

在欧洲，最先采用与刘徽类似的方法证明圆面积公式的是尼古拉斯(1401—1464)。他把圆定义为边数无限而边心距等于圆半径的正多边形，然后，将圆分割成无限多个小三角形，计算出边心距与周长的乘积，则其积之一半，就是圆面积。其分割、求和方式与刘徽相近，然而用定义回避了刘徽的极限过程。

第六节 刘徽的逻辑思想和数学理论体系

关于中国古典数学的逻辑问题学术界争论较大。国内外许多学者，包括对中国古典数学成就十分推崇的一些学者在内，都认为中国古代的数学成就只是经验的总结，没有推理，尤其是没有演绎推理。而笔者认为刘徽《九章算术注》主要使用了演绎逻辑。

一、刘徽的定义

刘徽继承了墨家给数学概念作出定义的思想，改变了《九章算术》对概念约定俗成的做法，给许多数学概念以明确的定义。

刘徽的数学定义多数是发生性定义，即定义本身说明了所定义的对象发生的由来。比如："凡数相与者谓之率""今两算得失相反，要令正负以名之""凡广从相乘谓之幂"，等等。刘徽的发生性定义最妙的是关于"方程"的定义。

刘徽的定义有几个共同的特点。第一，被定义的概念与定义的概念的外延相同。如正负数与"两算得失相反"，幂与"广从相乘"，率与"数之相与"，方程与"各列有数，总言其实""每行为率""皆如物数程之""并列为行"，等等，其外延都相同，既没有犯外延过大的错误，又没有犯外延过小的错误。换言之，这些定义都是相称的。

第二，刘徽的定义中，定义项中没有包含被定义项，定义项中的概念都是已知的，没有犯循环定义的错误。这对于一部不是按照自己的体系，而是给已有的著作作注的著作来说，在循环定义泛滥的古代，尤为难能可贵。

第三，刘徽的定义都没有使用否定的表述，没有使用比喻或者含混不清的概念，并且简明清晰。

总之，刘徽的定义基本上符合现代数学和逻辑学关于定义的要求。

二、刘徽的演绎推理

说中国古典数学没有理论，主要是说没有演绎推理。实际上，只要读懂了刘徽注，就会发现刘徽在数学命题的证明中主要使用了演绎推理，其中有三段论、关系推理、假言推理、选言推理、联言推理、二难推理等演绎逻辑的最重要的推理形式，还有数学归纳法的雏形。

（一）三段论和关系推理

1. 三段论

三段论是演绎推理的性质判断推理中极其重要的一种，刘徽注的许多推理是典型的三段论。试举几例：

例 1 盈不足术刘徽注云:

注云若两设有分者,齐其子,同其母。此问两设俱见零分,故齐其子,同其母。

其推理形式是:若两设有分数者(M),须齐其分子,同其分母(P)。此问(S)两设俱有分数(M),故此问(S)须齐其分子,同其分母(P)。其中含有三个概念:两设俱有分数(中项 M),齐其分子,同其分母(大项 P),此问(小项 S)的中项在大前提中周延,结论中的概念的外延与它们在前提中的外延相同。还有,大前提是全称肯定判断,小前提是单称肯定判断,结论是单称肯定判断。可见,这个推理完全符合三段论的规则,是其第一格的 AAA 式。

例 2 刘徽在证明方程术的直除法即一行与另一行对减不改变方程的解时云:

举率以相减,不害余数之课也。

其推理形式可以归结为:举率以相减(M),不害余数之课(P),直除法(S)是举率以相减(M),故直除法(S)不害余数之课(P)。大前提是全称否定判断(E),小前提是单称肯定判断(A),而结论是单称否定判断(E)。这是三段论第一格的 EAE 式。

2. 关系推理

关系推理实际上是三段论的一种,在刘徽的推理中所占的比重自然特别大。而在关系推理所使用的关系判断中,又以等量关系为最多。试举几例。

例 3 方田章圆田术刘徽注对圆田又术"周、径相乘,四而一"的证明是:

周、径相乘各当以半,而今周、径两全,故两母相乘为四,以报除之。

其推理形式就是:已知 $S=\frac{1}{2}Lr$(等量关系判断)及 $r=\frac{1}{2}d$(等量关系判断),故

$$S=\frac{1}{2}Lr=\frac{1}{2}L\times\frac{1}{2}d=\frac{1}{4}Ld\text{(等量关系判断)}$$

例 4 刘徽在证明圆田又术"径自相乘,三之,四而一"不准确时说:

若令六觚之一面乘半径,其幂即外方四分之一也。因而三之,即亦居外方四分之一也,是为圆里十二觚之幂耳。取以为圆,失之于微少。

设十二觚即圆内接正 12 边形的面积为S_1,其推理形式是:已知$\frac{3}{4}d^2=S_1$(等量关系判断),及$S_1<S$(不等量关系判断),故$\frac{3}{4}d^2<S$(不等量关系判断)。

例 5　刘徽在推断圆囷（圆柱体）与所容之丸（内切球）的体积之比不是 4∶π 时说：

按：合盖者，方率也，丸居其中，即圆率也。推此言之，谓夫圆囷为方率，岂不阙哉？

其推理形式是：已知$V_{hg}:V_w=4:\pi$（等量关系判断），及$V_{yq}:V_w\neq V_{hg}:V_w$（不等量关系判断），故$V_{yq}:V_w\neq 4:\pi$。（不等量关系判断）。

（二）假言推理、选言推理、联言推理

1. 假言推理

假言推理是数学推理中常用的一种形式，包括充分条件假言推理和必要条件假言推理。

充分条件假言推理的推理形式是：若 p，则 q，今 p，故 q。比如前面谈到的同底等高的方锥与阳马的体积相等的推理文字很简括，其完备形式是：若两立体每一层都是相等的方形（p），则其体积相等（q），今方锥与阳马每一层都是相等的方形（p），故方锥与阳马体积相等（q）。

充分条件假言推理中，若 p，则 q。若非 p，则 q 真假不定。刘徽对此有深刻的认识。例如刘徽在记述用棋验法推证阳马、鳖臑体积公式时指出，将一立方棋分割为三个阳马，或六个鳖臑。“观其割分，则体势互通，盖易了也”。然而在长、宽、高不等的情况下，“鳖臑殊形，阳马异体。然阳马异体，则不可纯合。不纯合，则难为之矣”。其推理形式是：若诸立体体势互通（p），则其体积相等（q）。今诸立体体势不互通（非 p），故难为之矣（q 真假不定）。这是刘徽认识到棋验法不是真正的数学证明的逻辑基础。

刘徽在有的地方还使用了假言联锁推理。例如，刘徽在完成了阳马和鳖臑的体积公式的证明之后说：不有鳖臑（p），无以审阳马之数（q）。不有阳马（q），无以知锥亭之类（r）。功实之主也（s）。其结论是：鳖臑（p），功实之主也（s）。

2. 选言推理

刘徽在许多地方使用了选言推理。例如在四则运算中，根据需要，可以先乘后除，也可以先除后乘，这是两个选言支。刘徽在商功章负土术注中指出：“乘除之或先后，意各有所在而同归耳。”在卷二今有术注中，刘徽主张先乘后除，因为先除后乘，可能

会产生分数。这是一个选言推理，其形式为：或先乘后除(p)，或先除后乘(q)。今非先除后乘(q)，故先乘后除(p)。

3. 联言推理

联言推理的前提是一个联言判断，其结论是一个联言支。刘徽在羡除术注中用截面积原理推导椭方锥的体积时说："阳马之棋两邪，棋底方。当其方也，不问旁角而割之，相半可知也。…… 角而割之者，相半之势。" 这是一个分解式联言推理，其推理形式是：前提：对方锥平行于底的截面，用一平面切割其对边的中点，则将其体积平分(p)，用一平面切割其对角，也将其体积平分(q)。结论：用一平面切割其对角，将其体积平分(q)。由此证明了将半个椭方锥角而割之得到的大鳖臑，其体积是椭方锥的一半，即式(2-3-14) 的形式。

(三) 二难推理

二难推理是将假言推理与选言推理结合起来的一种推理，又称为假言选言推理。其大前提是两个假言判断，小前提是选言判断。刘徽证明圆田又术式(2-3-7) 不准确时说：

> 六觚之周，其于圆径，三与一也。故六觚之周自相乘幂，若圆径自乘者九方，九方凡为十二觚者十有二，故曰十二而一，即十二觚之幂也。今此令周自乘，非但若为圆径自乘者九方而已。然则十二而一，所得又非十二觚之类也。若欲以为圆幂，失之于多矣。

它有两个假言前提：一个是：若以圆内接正六边形的周长作为圆周长自乘，其十二分之一，是圆内接正十二边形的面积(p)，小于圆面积(r)；另一个是：若令圆周自乘，其十二分之一(q)，则大于圆面积(s)。还有一个选言前提：或者以正六边形周长自乘，十二而一，或者以圆周长自乘，十二而一(p 或 q)。结论：或失之于少，或失之于多(r 或 s)，都证明了《九章算术》中的公式(2-3-7) 不准确。

(四) 数学归纳法的雏形

数学归纳法是演绎推理的一种。《九章算术》与刘徽注的许多方法都是递推。刘徽的割圆术和证明刘徽原理的方法更是无限递推。无限递推是数学归纳法的核心。谨以后者为例。

刘徽先通过第一次分割证明了在整个堑堵的$\frac{3}{4}$中阳马与鳖臑的体积之比为$2:1$，而在其$\frac{1}{4}$中尚未知，这相当于在$n=1$时，刘徽原理在堑堵的$\frac{3}{4}$中成立。刘徽认为第一次分割可以无限递推："置余广、袤、高之数各半之，则四分之三又可知也。"然后刘徽说："按余数具而可知者有一、二分之别，即一、二之为率定矣。"这相当于若$n=k$时，刘徽原理在堑堵的$\frac{1}{4^{k-1}}\times\frac{3}{4}$中成立，则刘徽原理在堑堵的$\frac{1}{4^k}\times\frac{3}{4}$中成立。刘徽无法严格地表达出数学归纳法，但是他用"情推"明确阐发了无限递推的思想，所谓"数而求穷之者，谓以情推，不用筹算"，这正是数学归纳法的基本要素。

总之，演绎推理的几种最主要的形式，刘徽都使用了。这不仅在数学著作中是空前的，而且在严谨和抽象程度上，与中国古代其他思想家比较起来，可以说没有居其右者。

三、数学证明

刘徽的许多推理，由于其前提都是已知其正确性的公理或已经证明过的命题，并且都是演绎推理，因而都是数学证明。数学证明根据其思路的方向的不同，或者从予到求，或者从求到予，通常分为分析法和综合法两种。

(一) 综合法

综合法是根据已知条件和已有的数学知识，通过推理，最终引导到论题。在对《九章算术》圆面积公式(2-3-4)的证明中，刘徽首先证明了式(3-5-2)，接着又证明了式(3-5-4)。最后将与圆周合体的正无穷多边形进行无穷小分割求其和，从而完成了证明。这是典型的综合法证明。

(二) 分析法与综合法相结合

分析法是从论题回溯论据的过程。对非常复杂的证明，刘徽往往采取综合法和分析法相结合的方式。比如为了证明《九章算术》的鳖臑与阳马体积公式，必须证明刘徽原理。这是从论题回溯论据的分析法。在证明刘徽原理时，刘徽首先对由阳马和鳖臑合成的堑堵进行第一次分割，证明刘徽原理在堑堵的$\frac{3}{4}$中成立。这是综合法。接着，刘徽认为，若能证明在堑堵剩余的$\frac{1}{4}$中刘徽原理成立，则就在整个堑堵中证明了刘徽原理。这又是分析法。随后，刘徽用无穷小分割方法和极限思想证明了这一点。这又是综合法。总之，整个证明过程可以表示为

$$\text{阳马与鳖臑体积公式}\xleftarrow{\text{分析法}}\text{刘徽原理}\begin{cases}\xrightarrow{\text{综合法}}\frac{3}{4}\text{中成立}\\ \xleftarrow{\text{分析法}}\frac{1}{4}\text{中成立}\xrightarrow{\text{综合法}}\cdots\lim\frac{1}{4^n}=0\end{cases}$$

可见这个证明是以从求到予的分析法为主，穿插以从予到求的综合法。这种分析法与综合法相结合的证明方式对难度较大的复杂证明，常常可以起到画龙点睛的作用，使整个证明思路清晰，文字不冗长，不枯燥，又使读者容易抓住证明过程的关键所在。

（三）刘徽的反驳

反驳是证明的一种。反驳主要运用矛盾律。如对《九章算术》弧田术的反驳，弧田术是一个全称判断。刘徽举出半圆这种弧田，证明由弧田术算出的半圆面积小于半圆。这是上述判断的一个矛盾判断，由后者为真，证明了前者为假，符合矛盾律。

刘徽对《九章算术》开立圆术的反驳也应用了矛盾律。刘徽设计了牟合方盖，指出球与外切牟合方盖的体积之比为$\pi:4$，这是一个真命题，因而与之矛盾的命题“球与圆柱的体积之比为$\pi:4$”不可能为真，必为假。于是《九章算术》开立圆术不正确。

四、刘徽的数学理论体系

学术界有一个耳熟能详的提法，说《九章算术》建立了中国古代的数学体系。这种提法似是而非。一个数学体系应该包含概念、由这些概念联结起来的命题以及使用演绎逻辑方法对这些命题的论证。而《九章算术》只有概念和命题，没有留下逻辑论证；当时实际上存在的某些推导和论证，是以归纳逻辑为主的。加之九章的分类标准不同一，因此，《九章算术》并没有建立起中国古典数学的体系，只是构筑了中国古典数学的基本框架。在这个框架中，各章的方法之间，甚至同一章不同方法之间，除了均输术是衰分术的子术之外，几乎看不出它们的逻辑关系。

刘徽以演绎逻辑为主要方法全面证明了《九章算术》的公式、解法，因此，到刘徽

完成《九章算术注》,中国古典数学才形成了数学理论体系。逻辑方法的改变,必然导致一个学科内部结构的相应改变。事实上,刘徽的数学理论体系不是《九章算术》数学框架的简单继承和补充,也不仅是为这个框架注入了血肉和灵魂,而且包括了对这个框架的根本改造。有的著述将《九章算术》和刘徽的数学体系混为一谈,也是不恰当的。

近代人们常把数学形象地画作一株大树,通常是一株大栎树。实际上,早在1700多年前,刘徽就提出了数学之树的思想。他说:

> 事类相推,各有攸归,故枝条虽分而同本知,发其一端而已。又所析理以辞,解体用图,庶亦约而能周,通而不黩,览之者思过半矣。

刘徽的数学之树"发其一端","端"实际上就是数学之树的根。这个"端"是什么呢?刘徽说:

> 虽曰九数,其能穷纤入微,探测无方。至于以法相传,亦犹规矩度量可得而共,非特难为也。

规矩代指几何图形,即我们通常所说的空间形式;度量代指数量关系。因此,规矩、度量可以看成刘徽数学之树的根,数学方法由之产生出来。世代相传的数学方法应当是客观世界的空间形式和数量关系的统一。刘徽的话很形象地概括了中国古典数学中数与形相结合,几何问题与算术、代数问题相统一这个重要特点。根据刘徽的《九章算术注序》及其为九章写的注中形诸文字者,我们大体可以将刘徽的数学之树的面貌勾勒于下:

数学之树从规矩、度量这两条根生长出来,统一于数,形成以率为纲纪的数学运算这一本干。刘徽以《九章算术》的长方形面积公式、长方体体积公式(可视为定义)及他自己提出的率和正负数的定义为前提,以今有术为都术,以衰分问题、均输问题、盈不足问题、开方问题、方程问题、面积问题、体积问题、勾股测望问题等作为主要枝条。又分出经率术,其率术和返其率术,衰分术和返衰术,重今有术,均输术,盈不足术和两盈两不足术、盈适足不足适足术,多边形面积,圆田术、圆周率和曲边形面积,刘徽原理和多面体体积公式,截面积原理和圆体体积公式,勾股术和解勾股形诸术,勾股容方术和勾股容圆术,一次测望问题和重差问题,开方术和开立方术,正负术,方程术和损益术、方程新术,不定方程等方法作为更细的枝条,形成了一株枝叶繁茂、硕果累累的大树,形成了一个完整的数学体系。如图3-6-1所示。

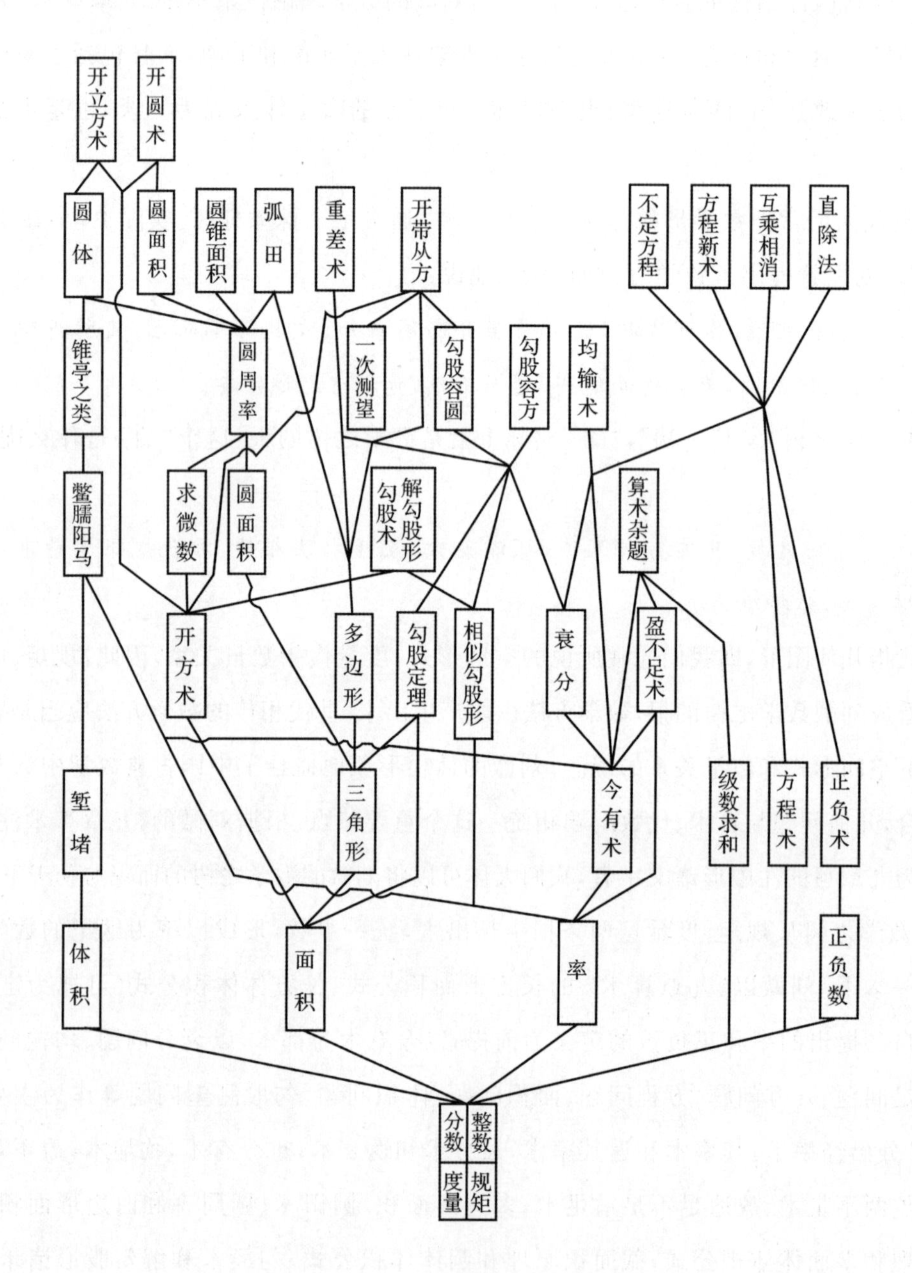

图 3-6-1　刘徽的数学之树

在这个体系中，刘徽使用的主要是演绎逻辑，从而将数学知识建立在必然性的基础之上。在这里，数学概念和各个公式、解法不再是简单的堆砌，而是以演绎推理和数学证明为纽带，按照数学内部的实际联系和转化关系，形成了有机的知识体系。

这个体系“约而能周，通而不黩”，全面反映了当时中国人所掌握的数学知识，略知《九章算术》的人即可看出九章的分布。而刘徽数学理论体系不是《九章算术》框架的添补，而是对《九章算术》的改造。

需要指出的是，说刘徽对《九章算术》框架的改造，不是说在形式上，而是在实际上，在刘徽的头脑中。在形式上，刘徽没有改变《九章算术》的术文和题目的顺序。在这种情况下，刘徽《九章算术注》中没有任何循环推理，说明刘徽逻辑水平之高超。在文献注疏中以互训为重要方法的中国古代，这更是难能可贵的。

可以说，刘徽的《九章算术注》在内容上是革命的，而在形式上是保守的。然而，任何坏事在一定条件下都可以变为好事。正是这种保守的形式，而不是撰著一部自成系统的高深著作，使刘徽的数学创造依附于《九章算术》，避免了《缀术》因“学官莫能究其深奥”而失传那样的厄运。

第四章

中国古典筹算数学的高潮

——唐中叶至元中叶的数学

第一节 唐中叶至元中叶数学概论

宋元时期中国古典数学达到第三个高峰，学术界通常称为宋元数学高潮，应该说是筹算高潮。

一、古典数学的高潮与唐中叶开始的社会变革

(一) 唐中叶至元中叶数学概况

唐中叶至北宋初年，由于农业生产工具的改进，提高了农产品的产量，为手工业的发展开辟了道路，并促进了商品经济的发展，促使中国社会发生了若干变革。国家承认土地的自由买卖，地主主要以购买扩大土地的占有，土地的商品化取代了土地国有制。同时，魏晋以来的门阀世族及其部曲佃客制度已经完全瓦解，宋朝的官僚地主以品级高低而不是以门阀决定其社会地位。地主阶级的剥削方式变成以出租土地收取实物地租为主。部曲佃客制被租佃制代替，佃农编入国家户籍，有较大的人身自由，生产积极性大为提高。社会的变革及农业、手工业、商业的繁荣推动了数学和科学技术的发展。指南针用于航海，火药用于军事，印刷术用于印刷文史和数学经典著作，都始于五代和北宋，造纸技术也有长足进步。元丰七年（1084 年）北宋秘书省刊刻了《九章算术》等汉唐算经，这是世界上首次印刷数学著作。印刷和造纸对数学和科学技术发展的作用是不可估量的。

唐中叶之后，儒家的统治地位遭到极大削弱。两宋期间，儒家虽居于统治地位，产生了程朱理学，又称为道学。但道学的代表人物的思想主张并不一致，经常互相争辩，而且还没有占据思想界的统治地位。北方知识分子往往是既佩服宋儒，同时也提出不少独立见解，反映了金元知识分子的主流思潮。

战乱给道家和道教的发展、传播提供了土壤。一些道教徒热衷于数学、自然科学和技术的研究。战乱使一些知识分子常常以道观作为避乱、逃世的场所，他们的思想不可避免地会受到道家和道教影响。

总的说来，宋元时期思想界还相对宽松。而思想界宽松，数学家有自由想象的空

间，能够充分发挥自主思考，是数学发展的必要条件。

社会需要是数学发展的强大动力。李冶《益古演段·自序》云："术数虽居六艺之末，而施之人事，则最为切务。"秦九韶尽管囿于传统思想，在《数书九章·序》中将数学的作用概括为"大则可以通神明，顺性命；小则可以经世务，类万物"，但他坦诚地说：对所谓大者，"固肤末于见"，而致力于小者，"窃尝设为问答以拟于用"。《数书九章·序》中的九段系文形象地论述了数学在天文、历法的制定、雨雪量的测量、田亩面积的计算、山川的高深广远的测望、赋税、财政、土木工程和建筑、军旅、海内外贸易等方面的应用，几乎包括了数学应用的所有方面。同时，数学知识对维护社会正义也有极大的作用，是反对官府和豪强地主横征暴敛的有力工具。

北宋的统治者比较重视数学，刊刻算经（图 4-1-1），设算学馆，甚至在大观三年（1109 年）颁布了"算学祀典"，给五代前 66 位数学家、历算学家加封五等爵，陪祀孔子。可以说，清康熙之前，没有任何一个王朝如此重视数学。同时，少数民族政权也重视数学。

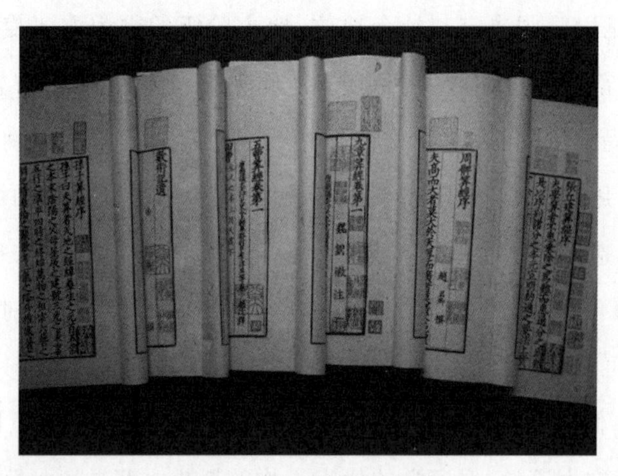

图 4-1-1　宋刻算经六种

在这种社会背景下，中国的筹算数学在宋元达到了最高峰，出现几个明显的数学研究中心。北宋 11 世纪上半叶在汴京（今开封）有一个以楚衍、贾宪为代表的数学中心，在开方术的改进、算法的抽象化等方面有重大贡献。13 世纪下半叶更同时出现了南、北两个数学中心。一个是长江流域以秦九韶、杨辉为代表，发展了高次方程数值解法、同余方程组解法、垛积术，以及乘除捷算法等。另一个是太行山两侧，发展了勾股容圆，以及以天元术、二元术、三元术等为主的列出并求解高次方程和多元高次方程组的方法。元统一中国之后，朱世杰综合南、北两个中心的长处，创造四元术，将垛积术和招差术发展到相当系统、完备的程度，在改进筹算乘除捷算法方面也有杰出的贡献。

当时出现了一系列欧洲近代才达到的重大成果。如最迟在13世纪有了完整的十进小数记法，而欧洲在1585年斯台文(Simon Stevin)才在运算中使用小数，其记法还十分不方便；贾宪创造的贾宪三角，西方称为帕斯卡(Pascal，1623—1662)三角，晚出六百多年；贾宪的增乘开方法，19世纪初，欧洲P. 鲁菲尼(P. Ruffini，1804年)、W. G. 霍纳(W. G. Horner，1819年)才有同类的成果；秦九韶总结的大衍总数术即一次同余方程组解法，近代数学大师L. 欧拉(L. Euler，1707—1873)、高斯才达到其水平；朱世杰的四元术即多元高次方程组解法，É. 裴蜀(É. Bézout)1775年才有同类的方法；朱世杰记载的高次招差法公式，欧洲J. 格利高里(J. Gregory)1670年、I. 牛顿(I. Newton)1676年才得出。这些高深的方法都超前世界数学的先进水平。

(二) 宋元数学的特点

宋元时期的数学发展有一些与过去不同的特点。

第一，追求简捷运算并出现算法歌诀。自唐中叶起，适应商业繁荣，需要运算得快的要求，人们创造各种乘除捷算法，并编成口诀，更加便于传颂记忆。乘除捷算法和歌诀的改进、简化，导致最迟在南宋发明了珠算盘。

第二，开展专题研究，出现以某一课题为研究对象的专门性著作。比如元李冶根据“洞渊九容”演绎成的《测圆海镜》，是一部讨论勾股容圆的专题著作；南宋杨辉的《乘除通变本末》是专门研究乘除捷算法的著作，等等。

第三，对开方术的研究受到空前重视。贾宪创造增乘开方法，刘益重新引入负系数方程，秦九韶、李冶、朱世杰等将以增乘开方法为主导的开方术发展为求高次方程正根的完备方法。同时创造设未知数列方程的方法，这就是天元术。后来又发展为二元术、三元术和四元术，即多元高次方程组解法。

第四，出现纯数学研究的著作。比如李冶的《测圆海镜》，围绕着一个圆和十五个勾股形的关系，展开了170个问题，就是一部纯数学著作。

第五，特别重视有关军事的数学问题。适应抗金、抗蒙战争的需要，《数书九章》特设军旅类，用到勾股、重差、开方等比较高深的方法。

第六，探讨数学与道的关系。秦九韶说：“数与道非二本”，愿将自己的数学知识“进之于道”。李冶在《测圆海镜序》中谈到自己研究数学不被人们理解时感慨说：“由技兼于事者言之，夷之礼，夔(kuí)之乐，亦不免为一技。由技进乎道者言之，石之斤，扁之轮，非圣人之所与乎？”

第七，完整的数学教学计划的制订。南宋杨辉在《乘除通变本末》卷上之首在中国数学史上第一次提出了教学计划——“习算纲目”，包括了学习的内容、方法和时间安排，是一个从九九表开始，到《九章算术》中各种数学方法的完备的教学计划。

二、赝本《夏侯阳算经》

传本《夏侯阳算经》三卷，其中含有唐中期的若干史料，非复原本，如图 4-1-2 所示。传本的成书年代当在 8 世纪 80 年代，作者可能是一位长期从事会计的人，结合当时的实际计算问题，征引前贤之作，“纂定研精，刊繁就省”，完成此作。

在数学内容上，该书值得重视之处是十进小数的使用和筹算乘除法的简化。

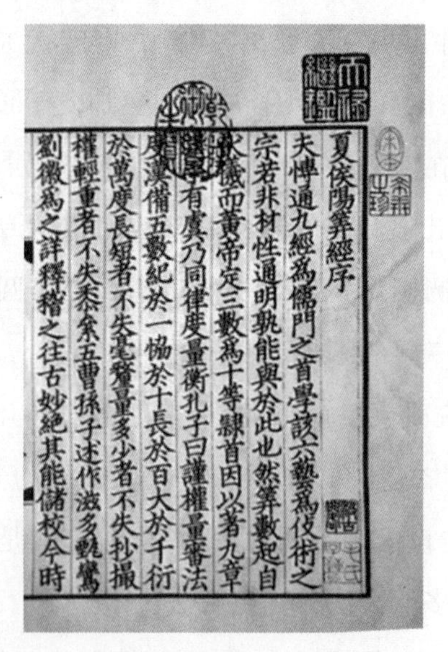
夏侯陽筭經序
夫博通九經爲儒門之首學該六藝爲伎術之
宗若非材性通明孰能與於此也然筭數起自
伏羲而黃帝定三數爲十等隸首因以著九章
[illegible]有虞乃同律度量衡孔子曰謹權量審法
度漢備五數紀於一協於十長於百大於千衍
於萬度長短者不失毫氂量多少者不失抄撮
權輕重者不失黍絫五曹孫子述作滋多甄鸞
劉徽爲之詳釋稽之往古妙絕其能儲校今時

图 4-1-2 《夏侯阳算经》书影(汲古阁本)

三、贾宪和《黄帝九章算经细草》

(一) 贾宪及其《黄帝九章算经细草》

贾宪的生平、籍贯不详，师从著名数学家、天文学家楚衍。他著有《黄帝九章算经细草》九卷和《算法敩古集》二卷。前者因被作为杨辉《详解九章算法》的底本而尚存约三分之二(图 4-1-3)，后者已失传。《黄帝九章算经细草》大约成书 11 世纪 30 年代初之前。

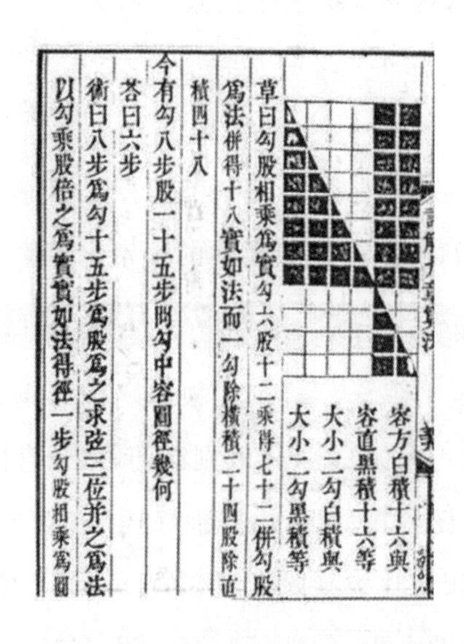
容方白積十六與
容直黑積十六等
大小二勾白積與
大小二勾黑積等
草曰勾股相乘爲實勾六股十二乘得七十二併勾股
爲法併得十八實如法而一勾除積積二十四股除直
積四十八
今有勾八步股一十五步問勾中容圓徑幾何
荅曰六步
術曰八步爲勾十五步爲股爲之求弦三位并之爲法
以勾乘股倍之爲實實如法得徑一步勾股相乘爲圖

图 4-1-3　杨辉《详解九章算法》中的贾宪细草书影

贾宪对宋元数学的发展影响极大。宋元数学的主要成就，除了大衍总数术外，现存的《黄帝九章算经细草》中都有其滥觞。贾宪是宋元数学高潮的主要推动者。

(二)《黄帝九章算经细草》的数学成就和数学思想

《黄帝九章算经细草》的数学成就主要有：

(1) 提出立成释锁法。这是在传统开方术基础上总结出来的。它的重要意义是将开方术推广到任意高次方。

(2) 创造“开方作法本源”即贾宪三角，作为立成释锁法的立成。他提出增乘方造表法，可以得出任意次方的展开式的系数。

(3) 创造增乘开方法。这是一种程序化、机械化更强的开方法，可以推广到开任意高次方。

更重要的，追求数学方法更强的程序化、机械化，有更高的抽象性，是贾宪数学思想的重要方面。对《九章算术》细草性的术文大都按类进行了抽象。比如对方程术，贾宪给出：

术曰：排列逐项问数，命首位物多者为主，以邻行数增乘求等数。余物与价亦例乘之，以原多物对减。其余次第增减，价可为实，物可为法而止，以法除之。

对刘徽创造的互乘相消法，贾宪也提出了抽象性术文：

术曰：以所求率互乘邻行，齐所求之率，以少减多，再求减损。钱为实，物为法，实如法而一。

此处所求率即是未知数系数，贾宪将它们称为所求率，反映了方程的本质。总之，贾宪在《九章算术》和刘徽之后，将中国古典数学的程序化抽象化推进到一个新的阶段。

四、刘益和《议古根源》

刘益，北宋数学家，生平不详。著《议古根源》。南宋杨辉在《田亩比类乘除捷法》卷上说“中山刘先生益《议古根源》序曰‘入则诸门，出则直田’”。

《议古根源》已失传，杨辉在《田亩比类乘除捷法》有三处谈到《议古根源》，说有100或200个问题，并在《田亩比类乘除捷法》卷下引用了其中30余个。刘益求解二次项系数或一次项系数为负的方程，创造了“益积术”和“减从术”两种开方法，是现存中国数学史上最早求解含有负系数方程的著作，杨辉说它“实冠前古”。

五、秦九韶和《数书九章》

（一）秦九韶

秦九韶（约1208—约1268），字道古，自称鲁郡（今山东省曲阜一带）人，生于普州安岳（今四川省资阳市安岳县），著《数书九章》，是宋元数学高潮的代表人物之一。青年时他随父到杭州，“访习于太史，又尝从隐君子受数学”，学习各种技术和数学问题，时人称他“性极机巧”，“星象、音律、算术以至营造之事，无不精究”“游戏、球、马、弓、剑，莫不能知”。1229年秦九韶任郪县（今四川省三台县南郪江乡）县尉，负责治安。1233年从事校正秘阁的图书。后来先后任蕲州（治所在今湖北省蕲春县）通判（州的副长官）、和州（治所在今安徽省和县）太守。1244年出任建康府（今南京市）通判。同年丁母忧解官离任，回湖州守孝。他将历年收集到的人们生产、生活中的数学问题，分为九类，于 1247 年完成《数书九章》。他主张“数术之传，以实为体”，认为“数与道非二本”，愿将自己的数学知识“进之于道”。

秦九韶关心国计民生，主张“施仁政”。在南宋统治集团主战、主和两派斗争中，秦九韶属于抗战派吴潜的营垒，并因此受到追随投降派贾似道的刘克庄、周密的诋毁，遂蒙受千古不白之冤。1254 年秦九韶任沿江制置司参议，参与抗蒙战争的谋划。1260 年 7 月，贾似道一派击败吴潜，吴潜罢相。秦九韶受株连，窜于梅州，治政不辍，于 1268 年逝世。

(二)《数书九章》

《数书九章》，十八卷（一作九卷），本名《数术》，又称《数术大略》《数学九章》。秦九韶在任地方官和参与抗蒙战争中关注其中的数学问题，“窃尝设为问答以拟于用，积多而惜其弃”，因取八十一题，分成大衍、天时、田域、测望、赋役、钱谷、营建、军旅、市易九类，每类九题，这就是《数书九章》（图 4-1-4）。

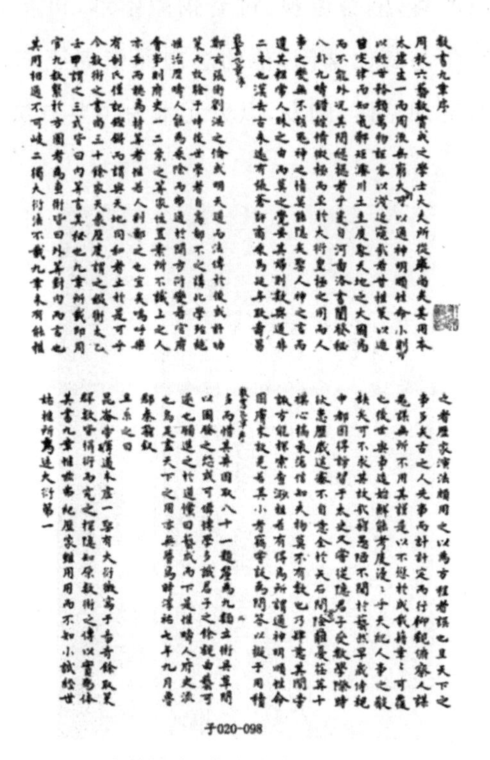

图 4-1-4　赵琦美抄本《数书九章》书影（藏国家图书馆）

秦九韶在《数书九章》中提出大衍总数术，系统解决了一次同余方程组解法，现代数学大师欧拉、高斯才达到或超过他的水平；秦九韶又提出正负开方术，把以贾宪创造的增乘开方法为主导的求高次方程的正根的方法发展到十分完备的程度，1427 年阿拉伯地区的阿尔·卡西、欧洲在 19 世纪才创造这种方法，西方称为霍纳法。这两项都是世界级的重要成就。此外，《数书九章》还提出与海伦公式等价的三斜求积公式，改进测望技术，使用并简化解线性方程组的互乘相消法等。另外，秦九韶使用了成熟的十进小数表示法。

六、李冶和《测圆海镜》《益古演段》

(一) 李冶

李冶(1192—1279)，字仁卿，号敬斋，真定栾城(今河北省)人，生于大兴(今北京市)，金元数学家、史学家。其父为官清廉正直，李冶自幼天资明敏，受到良好教育，爱好数学，青年时便被视为“经为通儒，文为名家”的著名学者。1230 年中词赋科进士，权钧州(今河南省禹州市)知州。他为官廉洁，一丝不苟。1232 年蒙古军攻破钧州，李冶微服北渡，隐居于今山西省，栖身道观，过着粥饘不继，饥寒几至不能自存，人所不堪的生活，却潜心研究数学与其他学问。他的思想深受老庄和道教的影响。他从道教徒那里得到“洞渊九容”，又加钻研、阐发，以天元术为主要方法，于 1248 年著《测圆海镜》，如图 4-1-5 所示。

測圓海鏡序
數本難窮吾欲以力強窮之彼其數不惟不能
得其凡而吾之力且憊矣然則數果不可以窮
耶既已名之數矣則又何爲而不可窮也故謂
數爲難窮斯可謂數爲不可窮斯不可何則彼
其冥冥之中固有昭昭者存夫昭昭者其自然
之數也非自然之數其自然之理也數一出於
自然吾欲以力強窮之使隸首復生亦末如之
何也已苟能推自然之理以明自然之數則雖

图 4-1-5 《测圆海镜》书影

1251 年，李冶结束避难生活，到元氏县主持封龙山书院，从事授徒、研究和著述工作。1257 年，李冶接受忽必烈召见，提出一些开明的政治建议。忽必烈想委以清要官职，李冶以老病非所堪，恳求还山。1259 年，李冶写成另一部数学著作《益古演段》，如图 4-1-6 所示。

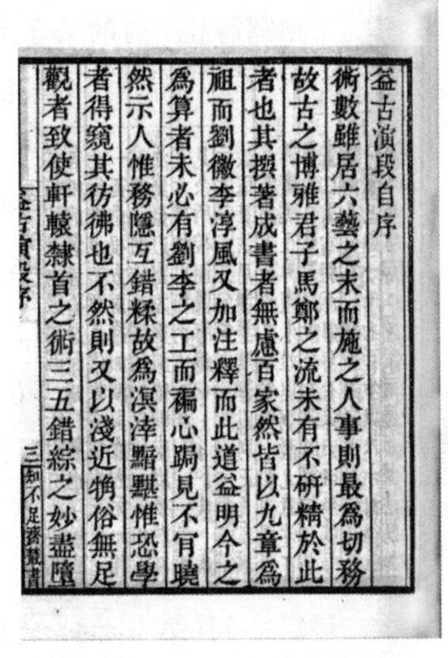
益古演段自序
術數雖居六藝之末而施之人事則最爲切務
故古之博雅君子馬鄭之流未有不研精於此
者也其撰著成書者無慮百家然皆以九章爲
祖而劉徽李淳風又加注釋而此道益明今之
爲算者未必有劉李之工而褊心踞見不肎曉
然示人惟務隱互錯糅故爲溟涬黯黮惟恐學
者得窺其彷彿也不然則又以淺近觕俗無足
觀者致使軒轅隸首之術三五錯綜之妙盡墮

图 4-1-6　《益古演段》书影

1260 年 8 月，忽必烈授李冶为翰林学士、同修国史。他就职甫一年，深感“翰林视草，唯天子命之，史馆秉笔，以宰相监之”“非作者所敢自专而非非是是也”，又辞职归山，继续他的“木石与居，麋鹿与游”的田园生活。

李冶还著有《敬斋古今黈》四十卷等著作。他不为教条、成见和权威所束缚，敢于发表独立见解，对历代大儒孟轲、朱熹等，在表彰他们精辟见解的同时，也指出他们的失误或不足。他为人处世积极向上，五十年如一日，“手不停披，口不绝诵”。许多人看到他研究数学的艰苦情形，怜悯他，讥笑他，他表示：“乃若吾之所得，则自得焉耳，宁复为悯笑计哉？”

李冶的治学方法也值得称道。有人问学于李冶，他答曰：“学有三，积之之多不若取之之精，取之之精不若得之之深。”这在今天也不失为箴言。

李冶驳斥了那种视数学为“九九贱技”的观点，在《益古演段 · 自序》中指出数学“虽居六艺之末，而施之人事，则最为切务”。他进而提出“技兼于事”“技进乎道”的思想，批驳了理学家的观点。李冶针对许多人视研究数学为畏途，指出：“谓数为难穷，斯可；谓数为不可穷，斯不可。”对数学不能“以力强穷之”，而要“推自然之理，以明自然之数”，则什么问题都可以解决。

（二）《测圆海镜》

《测圆海镜》的主要内容是研究圆与之相切的各种勾股形的关系，集金元之前中国勾股容圆知识之大成。同时，由于《测圆海镜》前的关于天元术的著述全部亡佚，《测圆海镜》也成为关于天元术最早的也是最重要的第一手资料，但它不是一部阐发天元术的著作。

《测圆海镜》卷一之首为“圆城图式”，绘出16个勾股形与同一个圆的各种相切关系。其“识别杂记”阐明了各勾股形边长及其与圆径的关系，包含了全书解题所需的基本理论。

卷二到十二为170个问题，都是已知某些勾股形的边长，求圆径。每题含有提问、法、草三部分。所有的题目都涉及同一个圆，因而其提问、答案都相同。法说明求解该题的方程的系数。卷二前10问的“法”给出了包括《九章算术》勾股容圆公式在内的根据勾股形与圆的10种相切关系及求圆直径的公式。

草是演题的具体过程。自卷二最后一问（第14问）之后所有问题的“草”，李冶都是利用天元术列出开方式，即今之一元方程。天元术的产生，标志着方程理论有了独立于几何的倾向。从此，方程便可用符号表示，从而改变了用文字描述方程的旧面貌。但它仍缺少运算符号，尤其是没有等号。这样的代数，可称为半符号代数。

《测圆海镜》表明，李冶已经掌握了天元式的加减乘除四则运算，以及分式运算。此外，在《测圆海镜》中，李冶使用了零号“〇”、负号和一套相当简明的小数记法。

（三）《益古演段》

《益古演段》三卷，1259年李冶撰，主要是根据方田与圆田的不同关系列出一元一次或二次方程求解。它是在北宋蒋周《益古集》基础上完成的。全书64问。每一问都有“法”，所有的“法”都使用天元术列出一元或二元方程。《益古演段》在24处引用“旧术”，无疑是《益古集》原有的方法。

七、杨辉和《详解九章算法》《杨辉算法》

（一）杨辉

杨辉，字谦光，钱塘（今浙江省杭州市）人，南宋数学家和数学教育家。生平不详，时人评价他“以廉饬己，以儒饰吏”，可见为政清廉，格调高洁。

他注意收集社会生产和生活中的数学问题，多年从事数学研究和教学工作，先后完成数学著作五种二十一卷，即《详解九章算法》十二卷（1261 年），《日用算法》二卷（1262 年，已佚），《乘除通变本末》三卷（1274 年），《田亩比类乘除捷法》二卷（1275 年）和《续古摘奇算法》二卷（1275 年）。后三种合称为《杨辉算法》。

（二）《详解九章算法》

《详解九章算法》十二卷，南宋景定二年（1261 年）杨辉撰。杨辉以北宋贾宪《黄帝九章算经细草》九卷为底本，取其中 80 题作为矜式，撰解题、比类、详解、注释等，其余 166 题则照录，并在其前补充图、乘除二卷，在其后补充纂类一卷而成。因此，《详解九章算法》含有《九章算术》本文、刘徽注、李淳风等注释、贾宪细草和杨辉详解 5 种内容。今存衰分章的异乘同除类、少广章（以上存《永乐大典》卷 16343，16344 中）、商功章约半卷、均输、盈不足、方程、勾股、纂类（以上见《宜稼堂丛书》本《详解九章算法》），另有 2 问存《诸家算法及序记》中。所存者约占全书的三分之二，其余已亡佚。图 4-1-7 是《详解九章算法・纂类・自序》书影。

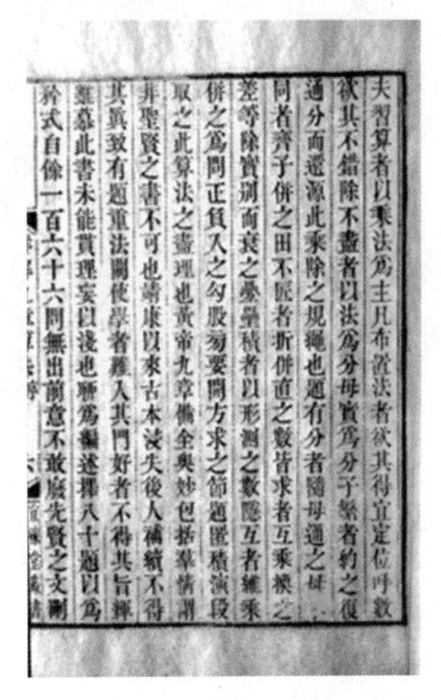
夫習算者以乘法為主凡布置法者欲其得宜定位呼數
欲其不錯除不盡者以法為分母實為分子繁者約之復
通分而還源此乘除之規繩也題有分者隨母通之母
同者齊子併之田不匠者折併直之數皆求者互乘換之
差等除實列而衰之疊積者以形測之數隱互者維乘
併之為問正負入之勾股芻要問方求之節題匿積演段
取之此算法之蘊理也黃帝九章備全奧妙包括幾情謂
非聖賢之書不可也靖康以來古本淪失後人補續不得
其真致有題重法闕使學者難入其門好者不得其旨輝
竊慕此書未能貫理妄以淺也輒為編述擇八十題以為
矜式自餘一百六十六問無出前意不敢廢先賢之文刪

图 4-1-7　《详解九章算法・纂类・自序》书影

《详解九章算法》是针对贾宪的细草而作的。其主要成就是：

在商功章的比类中，以方垛比类方亭，以方锥形果子垛比类方锥和阳马，以三角垛比类鳖臑，以刍甍形果子垛比类刍甍，以刍童形果子垛比类刍童，提出了 4 个新的二阶等差级数求和公式，扩展了二阶等差级数的应用。

在纂类中指出了《九章算术》分类的弊病:“如粟米章之互换,少广章之求田、开方,皆重叠无谓而作者。题问不归章次亦有之。”遂根据贾宪的细草,将《九章算术》的术文和题目重新分为乘除、互换、合率、分率、衰分、叠积、盈不足、方程、勾股九类。尽管仍有不合理之处,却是第一次突破“九数”的格局,而且是按照数学方法分类。

(三)《日用算法》和《杨辉算法》

《日用算法》和《杨辉算法》主要是关于改进乘除捷算法的著作。前者已失传,只有少数内容和 10 个题目传世。后者七卷,包括《乘除通变本末》3 卷,《田亩比类乘除捷法》2 卷,《续古摘奇算法》2 卷。

1.《乘除通变本末》

《乘除通变本末》又名《乘除通变算宝》,如图 4-1-8 所示。卷上为“算法通变本末”,卷首“习算纲目”在中国数学史上第一次提出了数学教学计划,还给出了垛积以及重因、损乘等乘除捷法。卷中为“乘除通变算宝”,讨论身外加减、求一、九归诸术,为全书的核心。卷下为“法算取用本末”,系杨辉与史仲荣合编,为阐发卷中而作,介绍了多种捷算法,并在实际上给出了从 201—300 的全部素数。

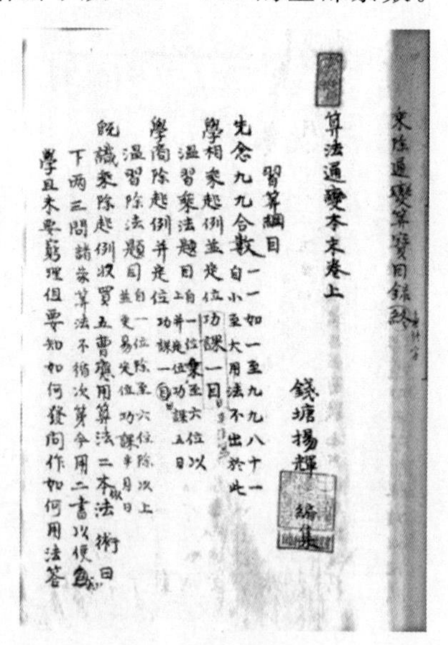
算法通變本末卷上
錢塘楊輝編集
習算綱目
先念九九合數
學相乘起例並定位
溫習乘法題目
學商除起例并定位
溫習除法題目
既識乘除起例收買五曹應用算法二本
下兩三問諸家算法不循次第今用二書以便
學且未要窮理但要知如何發問作如何用法答

图 4-1-8 《乘除通变本末》书影

2.《田亩比类乘除捷法》

《田亩比类乘除捷法》有田亩问题和乘除捷法两个主题,如图 4-1-9 所示。其田亩问题借助于“出入相补原理”,引用、阐发了刘益《议古根源》的面积问题。其“比类”则以各种算术问题比附田亩问题,进一步发展了乘除捷算法。卷下纠正了《五曹算经》三个题目的错误，尤其是“四不等田”的错误。

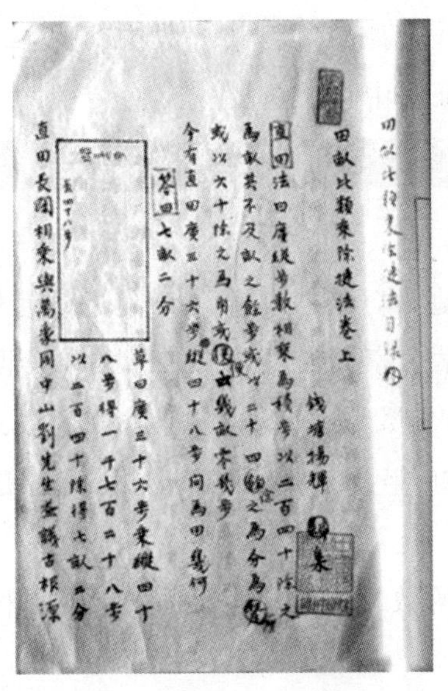
田畝比類乘除捷法卷上
錢塘楊輝
直田法 田有縱步數相乘為積步以二百四十除之
答曰 七畝二分
今有直田廣五十六步縱四十八步問為田幾何
草曰 廣五十六步乘縱四十八步
得一千七百二十八步
以二百四十除得七畝二分

图 4-1-9 《田亩比类乘除捷法》书影

3.《续古摘奇算法》

《续古摘奇算法》是杨辉在刘碧涧、丘虚谷所携“诸家算法奇题及旧刊遗忘之文”基础上，“添摭诸家奇题与夫善本及可以续古法草”而成的，如图 4-1-10 所示。因此内容杂芜，其卷上主要论述纵横图，给出了三阶和四阶纵横图的构造方法，在某种程度上破除了纵横图的神秘色彩。此外还有一次同余方程组解法等内容。

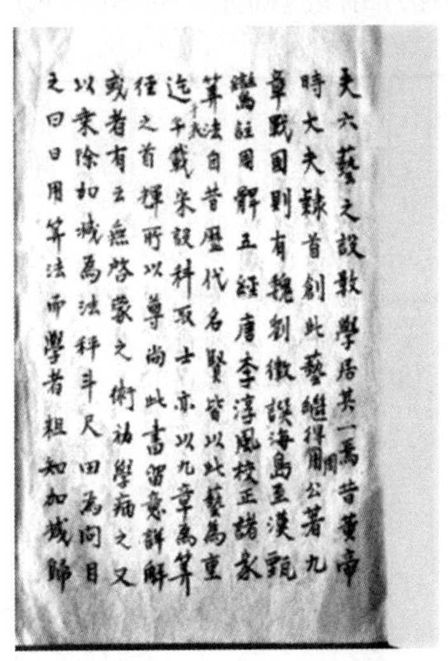
夫六藝之設數學居其一焉昔黃帝
時大夫隸首創此藝繼得周公著九
章戰國則有魏劉徽撰海島至漢甄
鸞註周髀五經唐李淳風校正諸家
算法自昔歷代名賢皆以此藝為重
迨于我宋設科取士亦以九章為算
經之首輝所以尊尚此書留意詳解
或者有云無啓蒙之術初學病之又
以乘除加減為法稱斗尺田為問目
之曰日用算法而學者粗知加減歸

图 4-1-10 《续古摘奇算法》书影

卷下 29 问，分成二率分身、三率分身、互换、衰分、盈不足、方圆总论、开方不尽法、海岛等类。其海岛图当为刘徽重差图之幸存者，殊为宝贵。杨辉概括出容横容直原理：“弦之内外分二勾股，其一勾中容横，其一股中容直，二积之数皆同。”这一原理在勾股、测望、重差诸方法的证明中至关重要。

八、朱世杰和《算学启蒙》《四元玉鉴》

（一）朱世杰

朱世杰，字汉卿，号松庭，寓居燕山（今北京附近），元代数学家。生卒年代不可考。他在元统一中国之后以算学名家周游湖海二十余年，吸收并综合前此北方太行山两侧和南方长江流域中国两个数学中心的长处，做了创造性的发展，著有《算学启蒙》《四元玉鉴》，先后于 1299 年、1303 年刊于扬州。后者是中国古代水平最高的数学著作。

朱世杰还是一位成功的数学教师，时人称“四方之来学者日众”“踵门而学者云集”。

（二）算学启蒙

《算学启蒙》，三卷，卷首一卷。卷首名总括，包括九九表、九归口诀、化两为斤诀等共 18 项算学预备知识。正文三卷共 20 门 259 问，包括筹算四则运算，比例算法，面积与体积计算，盈不足术，方程术及垛积术、天元术和增乘开方法。图 4-1-11 为《算学启蒙》书影。卷上的留头乘法、撞归法和起一法都是第一次记载，说明筹算捷算法已基本完成。内容的编排由浅入深，循序渐进，确是一部算学入门上乘之作。

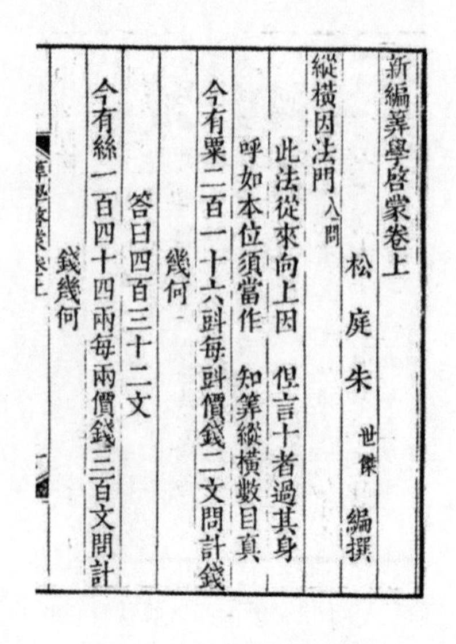

新編筭學啓蒙卷上
松庭朱世傑編撰
縱横因法門八問
此法從來向上因　但言十者過其身
呼如本位須當作　知筭縱横數目真
今有粟二百一十六斗每斗價錢二文問計錢
幾何
答曰四百三十二文
今有絲一百四十四兩每兩價錢三百文問計
錢幾何

图 4-1-11 《算学启蒙》书影

(三) 四元玉鉴

《四元玉鉴》,三卷,卷首一卷,运用当时南方数学的成熟的筹算技术将北方数学的天元术、二元术、三元术、垛积术与招差术及正负开方术等成就予以系统的总结和发展,创造四元术,即四元高次方程组解法,所使用的垛积术、招差术已经发展到前所未有的高度。卷首包括梯法七乘方图(增乘开方法图)、古法七乘方图(用横线和两组斜线将各廉联结起来的贾宪三角)以及天元术、二元术、三元术和四元术的细草假令之图,运用四元消法将二元、三元和四元的高次方程组消元成为一元高次方程以求解,此为全书之纲领,如图 4-1-12 所示。正文三卷 24 门共 284 问。其中卷上 6 门,卷中 10 门,卷下 8 门。和分索隐与两仪合辙二门给出方程有理根的求法并揭示出一类有二正根的方程及其求法。左右逢元、三才变通与四象朝元三门集中讨论二元术、三元术和四元术。茭草形段、如象招数与果垛叠藏三门使用了三角垛、四角垛、岚峰垛及四角岚峰垛等各种类型的垛积求和公式。同时,该书还运用贾宪三角形将招差术一般化,揭示出建立高阶等差数列求和公式的一般方法,给出等差数列、二阶等差数列及三阶等差数列的求和公式。

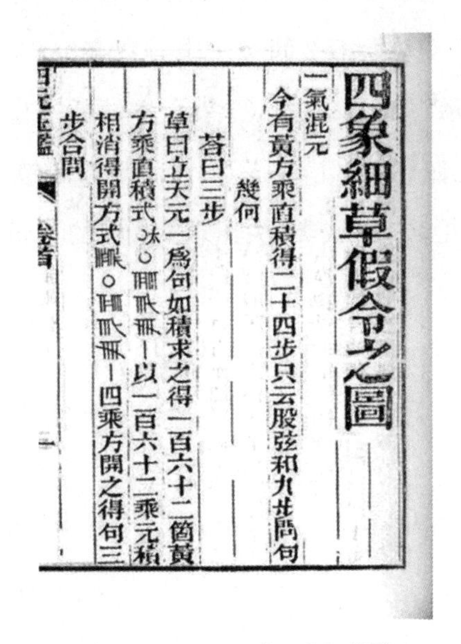
四象細草假令之圖
一氣混元
今有黃方乘直積得二十四步只云股弦和九步問句幾何
荅曰三步
草曰立天元一爲句如積求之得一百六十二箇黃方乘直積式○以一百六十二乘元積相消得開方式○四乘方開之得句三步合問

图 4-1-12 《四元玉鉴》书影

《四元玉鉴》刊出后几百年间流传不广,几成绝学。清中叶之后却成为学术界研究的重点之一。一方面是力求准确理解四元消元法的数学意义,务使消得之方程与

《四元玉鉴》原术相同；另一方面是灵活运用四元消法，务使消得之方程最简；出版了若干研究著作。

此外，对数学作出贡献的还有沈括、王洵、郭守敬、赵友钦等。

第二节　计算技术的改进和珠算的发明

一、〇和十进小数

(一)〇和数码

1. 〇

表示 0 的〇号什么时候产生的，没有确凿的资料。算筹数字用空位表示 0，实际上是一种没有符号的符号，但是容易引起误会。古代人们常用方格表示缺字，于是便用方格□表示 0。后来□逐渐演变成〇号。现存资料中〇号的最早应用在金朝《大明历》中，有“四百〇三”等数字。数学著作中什么时候使用〇号，无考。不过李冶已多次使用〇，如《测圆海镜》卷七第 2 问又法中有数字“一千四百五十万〇〇八百六十四”，其中第一个〇表示“另”，第二个〇表示空缺的千位数。〇号什么时候引入筹算算草，亦无考。南宋秦九韶《数书九章》，元李冶《测圆海镜》《益古演段》等著作的算草中都使用〇号。《数书九章》田域类“尖田求积”问的正负开三乘方式就是(其中的算筹数字用阿拉伯数字表示，下同)：

4 〇 6 4 2 5 6 〇 〇 〇 〇 实
〇 虚方
7 6 3 2 〇 〇 从上廉
〇 虚下廉
1 益隅

它表示四次方程

$$-x^4+763200x^2-40642560000=0$$

李冶《测圆海镜》卷七第 5 问的草中有(除〇外，皆将筹式数字改阿拉伯数字)4○96，　$\begin{matrix}1\\ ○元\\ 4○96\end{matrix}$ 等多项式，前者表示 4096，其中的 ○ 记空缺的百位数。后者表示天元二项式x^2+4096。

2. 数码

唐中叶之后，开始用算筹数码记数。现存使用这种数码的最早著作是敦煌卷子中的《立成算经》。为了书写方便，人们借用 5 的古字“X”，将算筹数字 5 写成X；借用 10 的汉字“十”，将算筹数字 10 写成十。人们创造○号之后，便将 5 记成“○”上加一横成为$\overline{○}$，或加一竖成为$\dot{○}$。如秦九韶将 40642560000 记成“X○TXII$\dot{○}$T○○○○”，其中的“5”不再用“X”。大约考虑到“X”有四个方向，便用它来记 4。顺理成章地，将 9 记成在“X”上加一横成为$\overline{X}$，或加一竖成为$\dot{X}$。秦九韶就将 16900 记成“I ⊥$\overline{X}$○ ○”。后来逐步形成了一套新的记数符号：

纵式　I II III X $\overline{○}$ T ╥ ╥╥ $\overline{X}$ ○
横式　— = ≡ X $\dot{○}$ ⊥ ⊥ ≟ $\dot{X}$ ○

随着珠算的发明，已无纵横的区别。这套记数法进一步发展，逐渐形成了一式的数码：

〡 〢 〣 〤 〥 〦 〧 〨 〩 〇

其中 5 和 9 是草写演变而来的。这就是在中国沿用到 20 世纪上半叶的苏州码子，澳门小巷的店铺中至今还在用苏州码子记账。

(二) 十进小数

刘徽在开方不尽时提出“求微数”，但是，刘徽本人实际上也没有认识到十进分数的意义。比如他求出$5\frac{4}{10}$忽后，将$\frac{4}{10}$约作$\frac{2}{5}$，成为$5\frac{2}{5}$忽。《孙子算经》卷下第 2 问的答案中有“三十七丁五分”，其中“五分”就是 0.5，有了明显的十进小数概念。

十进小数的产生，主要应该归功于非十进制单位的换算。因为非十进制的运算不那么方便。比如《九章算术》粟米章其率术的几个例题，都是买丝 1 石 2 钧 28 斤 3 两 5 铢，需要将它分别化成以石、钧、斤、两为单位的分数，再投入运算，相当烦琐。在唐中叶之后运算日益增多并要求运算快的情况下，将其化成十进小数，成为迫切需要。人们将化非十进制度量单位为十进小数的算法编成歌诀，就是“化零歌”。化非十进制名数单位为十进小数主要有化丈、尺、寸等为端、匹的十进小数和化两为斤的十进小数两个方面。后者俗称斤两法。

化丈、尺、寸等为端、匹等的十进小数在《夏侯阳算经》中十分普遍。将有丈、尺、寸的度量化成以“匹”为单位的十进小数的方法是“于丈、尺已下折半，五因”，这是因为1匹 = 4丈。比如将3丈7尺5寸化成以“匹”为单位的十进小数就是：3丈7尺5寸 ÷ 4丈 = 3丈7尺5寸 × $\frac{1}{2}$ × 5 ÷ 10丈 = 0.9375匹。

十进小数的记法各式各样，大体说来，宋元时期有以下几种：一是沿用《孙子算经》的记法。如《算学启蒙》卷上“留头乘法门”今有沉香问将“九斤一十二两”化成“九斤七分五厘”。其“九斤七分五厘”就是9.75斤。《四元玉鉴》商功修筑门第2问术文有“一万一千一百四十八步六分”“一万四千八百九十八步二分”“一百三十一步八分等数，其中“六分”“二分”“八分”分别为0.6步、0.2步、0.8步。在用算筹表示的算式中常在小数部分下加一“分”字。比如《测圆海镜》卷八第5问术文中有多项式$\begin{matrix} & -5 & 5 \\ 6 & & 4 \end{matrix}$，此即多项式 $-5.5x+64$。

二是以位值制表示小数。在无整数部分时则在整数处标以〇。李冶《益古演段》卷上第1问法中有$\begin{matrix}1600\\80\\025\end{matrix}$，此即多项式 $0.25x^2+80x+1600$。

对有整数部分者在个位数之后写出小数部分。《益古演段》第6问有$\begin{matrix}24057\\0\\-825\end{matrix}$，此即多项式 $-8.25x^2+24057$。

三是在整数部分的个位下加单位名称。南宋秦九韶《数书九章》钱谷类“囤积量容”问的答案中有方斛“深一尺五寸九分二厘”，便表示成：$\begin{matrix}1&5&9&2\\&\text{寸}&&\end{matrix}$，即15.92寸。李冶书中有的小数的表示与秦九韶采取同一方式。

1585年，比利时的S.斯台文(S. Stevin)才确定十进小数的记法和运算法则。但其记法很不方便。比如27.847，就表示成27⊙8①4②7③。

(三)斤两法

斤两法又称为化零歌,是唐中叶创造的将衡制中的以“两”为单位的数量化为以“斤”为单位的十进小数的歌诀。20世纪50年代以前1斤为16两。南宋杨辉在《日用算法》中记载了化两为斤的歌诀,朱世杰在《算学启蒙·总括》中的“斤下留法”歌诀则更为完整:

一退六二五	二留一二五	三留一八七五	四留二五
五留三一二五	六留三七五	七留四三七五	八留单五
九留五六二五	十留六二五	十一留六八七五	十二留七五
十三留八一二五	十四留八七五	十五留九三七五	

这就是:

1两 = 0.0625斤	2两 = 0.125斤	3两 = 0.1875斤	4两 = 0.25斤
5两 = 0.3125斤	6两 = 0.375斤	7两 = 0.4375斤	8两 = 0.5斤
9两 = 0.5625斤	10两 = 0.625斤	11两 = 0.6875斤	12两 = 0.75斤
13两 = 0.8125斤	14两 = 0.875斤	15两 = 0.9375斤	

与现今的歌诀十分接近。化零歌还包括化斤为两的口诀。

二、计算技术的改进

北宋科学家沈括说:“算术不患多学,见简即用,见繁即变,不胶一法,乃为通术也。”这概括了唐中叶以后简化算法的指导思想。人们改进筹算的乘除法,主要在两个方面,一是化三行布算为一行布算,二是化乘除为加减。

(一)重因法、以加减代乘除与求一法

“重因”就是化多位乘法为个位乘法,它在唐代就产生了。运用这种方法可以将乘法由上、中、下三行布算变为在一行中完成。主要是将乘数变换成若干个位数的因子。赝本《夏侯阳算经》卷下第22问的乘数是3贯500文,将其化成$5\times7\times100$,便将三行布算变成一行布算。《杨辉算法》中这类例子更多,并且有所改进。

“身外加减法”包括身外加法和身外减法两种内容,是唐中叶以来人们创造的用加减代替乘除的方法。杨辉在《乘除通变本末》卷中继承发展总结了这些方法,提出加法五术:加一位,加二位,重加,加隔位,连身加。当乘数为11,12,13,…,19时常使用身

外加一位法。即用乘数中“1”后面的数乘被乘数，按照“言十当身布起，言如次身求之”的原则加到被乘数本身上。例如《夏侯阳算经》卷下第19问是求2454匹×1.7，便化成2454匹×17÷10＝(24540匹＋2454匹×7)÷10。

当乘数是21，31，…，91时用身前因法。就是用“1”前面的数从首位起乘被乘数，并按照“言‘如’身前步位，言‘十’身前二位”的规定加入被乘数中。例如234×41，其算法就是234×41＝(234×40)＋(234×1)。

然而在实际问题中，乘数或除数的首位不一定是“1”或“2”，为了将其首位化为“1”，人们创造了“求一法”。唐宋元出现了许多关于求一法的著作，现在有传本的著作有杨辉的《乘除通变本末》、何平子的《详明算法》和贾亨的《算法全能集》等。《乘除通变本末》卷中总结了求一法，提出了“求一乘”和“求一除”两种口诀。其“求一乘”口诀是

> 求一乘曰：五六七八九，倍之数不走。二三须当半，遇四两折纽，倍折本从法，实即反其有。倍法必折实，倍实必折法。用加以代乘，斯数足可守。

例如：237×56＝(237÷2)×(56×2)＝118.5×112。用“加一二”即可。

(二) 留头乘法与九归、归除

留头乘法亦称“穿心乘”，是元代创造的三位以上的乘数的一种乘法方式，因将乘数首位留至最后再与被乘数相乘而得名。起于筹算，用于珠算，初见于元朱世杰《算学启蒙》卷上：

> 留头乘法别规模，起首先从次位呼。言十靠身如隔位，遍临头位破身铺。

其法先从乘数左起第二位起至末位，依次向右乘被乘数，再以乘数首位乘；先乘被乘数的个位，再乘其十位、百位等数。如563×874，计算的顺序是：3×70，3×4，3×800；60×70，60×4，60×800；500×70，500×4，500×800。

“归”是一位除法，“九归”就是从1至9的一位除数的除法。如果被除数的首位是1，用9除时只需在下位加1，用8除加2，用7除加3，依此类推。杨辉在《乘除通变本末》卷中总结出“九归新括”。朱世杰《算学启蒙·总括》的九归口诀是：

> 一归如一进，见一进成十。二一添作五，逢二进成十。三一三十一，三二六十二，逢三进成十。四一二十二，四二添作五，四三七十二，逢四进成十。五归添一倍，逢五进成十。六一下加四，六二三十二，六三添作五，六四六十四，六五八十二，逢六进成十。七一下加三，七二下加六，七三四十二，七四五十五，七五七十一，七六八十四，逢七进成十。八一下加二，八二下加四，八三下加六，八四添作五，八五六十二，八六七十四，八七八十六，逢八进一十。九归随身下，逢九进成十。

与现今使用的珠算口诀基本一致。“三一三十一”就是以3除10商3余1。六归口诀“六一下加四”就是以6除10商1余4，其中第二个“一”既是被除数，又是商数；“逢六进一”就是6除以6，商1，口诀中省略除数6。明代柯尚迁、程大位等稍加增删，用于珠算。

归除是元明时期创造的除数在两位以上时的除法口诀，起于筹算，后来用于珠算。它是在九归与减法基础上发展起来的。朱世杰实际上已经懂得归除。何平子的《详明算法》有归除细草。其法以除数首位对齐被除数首位，通过九归口诀，得出商数。随即将商数与除数首位以后各数的乘积，从被除数中减去，如是逐位进行，直到被除数减尽或商数满足要求的位数为止。运用归除可不经估计而直接求得商数。例如48895÷385，其细草是：列被除数𝍣𝍰𝍧𝍱𝍤，以阿拉伯数字表示商。见首位是4，呼逢三进一十，成1 𝍠𝍰𝍧𝍱𝍤。呼一八除八，成1 𝍠〇𝍧𝍱𝍤。呼一五除五，得1 𝍠〇𝍢𝍱𝍤。见余数首位为10，呼逢六进二十，成12 𝍫𝍢𝍱𝍤。呼二八除一十六，二五除一十，得12 𝍪𝍥𝍱𝍤。余数首位是2，呼三二六十二，为12 𝍥𝍯𝍱𝍤。呼逢三进一十，成127 𝍣𝍱𝍤。呼八七除五十六，五七除三十五，适尽，得到答案127。

除法中被除数与除数首位相同，而商数与除数首位之下各数乘积大于被除数首位之下的数值，须用撞归。丁巨的《丁巨算法》提出撞归法。《算法全能集》和《详明算法》都有撞归口诀。后者是：

> 见二无除作九二，见三无除作九三，见四无除作九四，见五无除作九五，见六无除作九六，见七无除作九七，见八无除作九八，见九无除作九九。

与现今的珠算口诀基本相同。例如22908÷276，利用撞归起一法归除，其草就是：列被除数𝍪𝍡𝍬〇𝍰。见首位与除数相同，而第二位小于除数，不够除，遂呼“见二无除作九二”，9𝍢𝍬〇𝍬。余数不足76的9倍，便起一，下位还二，得8𝍥𝍬〇𝍰。从余数中除去“七八五十六”“六八四十八”，得80𝍰𝍡𝍰。见余数首位是8，呼“逢八进四十”，得84〇𝍡𝍰。余数𝍡𝍰不够除，遂起一还二，得83𝍪𝍡𝍰。除去“三七二十一”“三六一十八”，适尽，得商数83。

三、珠算的产生

筹算乘除捷算法的产生、发展，特别是各种歌诀的出现，带来两个明显的结果。一是使原来必须在三行完成的布算简化后可以在一行内完成。二是包括数字在内的汉字都是单音节，各种筹算歌诀都是用字极少而意义完整的句子。这就使得口念歌诀很快，而手摆弄算筹很慢，出现“得心无法应手”的矛盾。算筹显然已经无法适应由它产生出来的各种歌诀的需要。珠算和珠算盘便应运而生。但是，珠算是什么时候产生的，尚无定论。不过到宋代，珠算产生的算法条件已经完全成熟了。宋末元初陶宗仪的《南村辍耕录》中的“三珠戏语”云：

> 凡纳婢仆，初来时曰擂盘珠，言不拨自动。稍久曰算盘珠，言拨之则动。既久曰佛顶珠，言终日凝然，虽拨亦不动。此虽俗谚，实切事情。

南宋刘松年绘的《茗园赌市图》也有珠算盘，算珠、档都清晰可见，如图4-2-1所示。因此，珠算最迟在南宋已经产生，并在民间广泛使用。

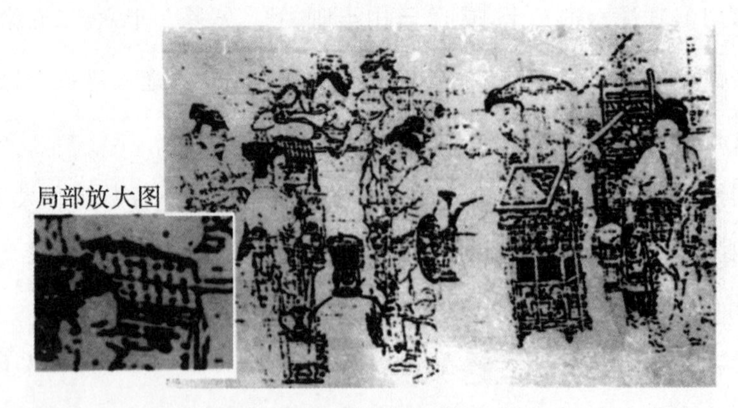

图4-2-1 茗园赌市图(南宋)

珠算盘产生后，与算筹并用了很长的时间。明洪武间的《魁本对相四言》

(1371 年) 中既有算盘，又有算子。其中算盘图式其形长方，周为木框，内穿档，档中横以梁。梁上二珠或一珠，每珠作数五；梁下五珠或四珠，每珠作数一。明中叶以前数学著作也是珠算、筹算并用。大约在明中叶以后，珠算盘完全取代了算筹，完成了计算工具的改革。明程大位的《算法统宗》(1592 年) 对珠算的发展和普及发挥了极大的作用。

第三节　勾股容圆

勾股容圆是通过勾股形和圆的各种相切关系求圆的直径的问题，这是中国数学史上的一个重要课题。它源自《九章算术》勾股章的勾股容圆问。宋金时期，洞渊在此基础上研究了同一个圆和各种勾股形的相切关系，给出了由勾股形的三边求圆径的九个公式，称为"洞渊九容"。李冶在此基础上演绎成《测圆海镜》。

一、洞渊九容

《测圆海镜》卷二阐述了 10 种容圆公式，除《九章算术》的勾股容圆公式外，还有：

第 2 问之法给出了勾上容圆即圆心在勾上而切于股与弦的圆径公式：

以勾股相乘，倍之为实。并勾股幂，以求弦，加入股，以为法。

此即公式：

$$d = \frac{2ab}{b+c} \tag{4-3-1}$$

第 3 问之法给出了股上容圆即圆心在股上而切于勾与弦的圆径公式：

以勾股相乘，倍之为实。以勾股幂求弦，加入勾，以为法。

此即公式：

$$d = \frac{2ab}{a+c} \tag{4-3-2}$$

第 4 问之法给出了勾股上容圆即圆心在勾股交点而切于弦的圆径公式：

以勾股相乘，倍之为实。并勾股幂，如法求弦，以为法。

此即公式：

$$d = \frac{2ab}{c} \tag{4-3-3}$$

第 5 问之法给出了弦上容圆即圆心在弦上而切于勾与股的圆径公式：

以勾股相乘，倍之为实。以勾股和为法。

此即公式：

$$d = \frac{2ab}{a+b} \tag{4-3-4}$$

第 6 问之法给出了勾外容圆即切于勾与股、弦的延长线的圆径公式：

以勾股相乘，倍之为实。以弦较共为法。

弦较共即 $c+(b-a)$，此即公式：

$$d = \frac{2ab}{c+(b-a)} \tag{4-3-5}$$

第 7 问之法给出了股外容圆即切于股与勾、弦的延长线的圆径公式：

以勾股相乘，倍之为实。以弦较较为法。

弦较较即 $c-(b-a)$，此即公式：

$$d = \frac{2ab}{c-(b-a)} \tag{4-3-6}$$

第 8 问之法给出了弦外容圆即切于股与勾、股的延长线的圆径公式：

以勾股相乘，倍之为实。以弦和较为法。

弦和较即$(a+b)-c$，此即公式：

$$d = \frac{2ab}{(a+b)-c} \tag{4-3-7}$$

第 9 问之法给出了勾外容圆半即圆心在股的延长线上而切于勾、弦的延长线的圆径公式：

以勾股相乘，倍之为实。以大差为法。

大差即 $c-a$，此即公式：

$$d = \frac{2ab}{c-a} \tag{4-3-8}$$

第 10 问之法给出了股外容圆半即圆心在勾的延长线上而切于股、弦的延长线的圆径公式：

以勾股相乘，倍之为实。以小差为法。

小差即 $c-b$，此即公式：

$$d=\frac{2ab}{c-b} \tag{4-3-9}$$

这 10 个公式中哪 9 个是“洞渊”的“九容”呢？自清末以来百余年间，研究《测圆海镜》的学者对这一问题众说纷纭，至今没有定论。

二、圆城图式和识别杂记

(一) 圆城图式

《测圆海镜》卷一由圆城图式、总率名号、今问正数、识别杂记等部分组成。圆城图式居于卷一之首，如图 4-3-1(a) 所示。它是用纵横分别平行的 4 条线将勾股形天地乾分割成 14 个勾股形。连同天地乾及弦外的一个勾股形月山巽，共 16 个勾股形，其中有 3 对分别全等，故不同的只有 13 个。李冶称之为“十三率勾股形”。用天、地、日、月、山、川、乾、坤、巽、艮等汉字表示点，相当于现今之用字母表示点，是圆城图式的重大创造。

(二) 识别杂记

“识别杂记”分诸杂名目、五和五较等八项，共 692 条命题，每条可看作一个公式或定义，阐明了诸勾股形各边及其和、差、积之间的关系，以及它们与圆径的关系，除 8 条外都是正确的。这是对中国古代关于勾股容圆问题的全面总结。洞渊九容中的其他公式，以及后面各卷算题的解法，均可由识别杂记推出。

1. 诸杂名目

诸杂名目给出诸勾股形各边的关系。设通勾股形的三边为 a,b,c，其余 12 个勾股形的三边分别表示为 $a_i,b_i,c_i(i=1,2,3,\cdots,12)$。也就是将圆城图式中各个勾股形的直角顶西、北、金、泉等依次以 1,2,3,…,12 表示，如图 4-3-1(b) 所示。各命题有不同的层次。比如：

凡大小差相乘为半段径幂。大差勾、小差股相乘亦同上。虚勾乘大股得半段径幂。虚股乘大勾亦同上。边股、叀股相乘得半径幂。明勾、底勾相乘亦同上。黄广股、黄长勾相乘为径幂。高股、平勾相乘得半径幂。明弦、明股并与叀弦、叀勾并相乘得半径幂。明弦、明勾并与叀弦、叀股并相乘亦同上。

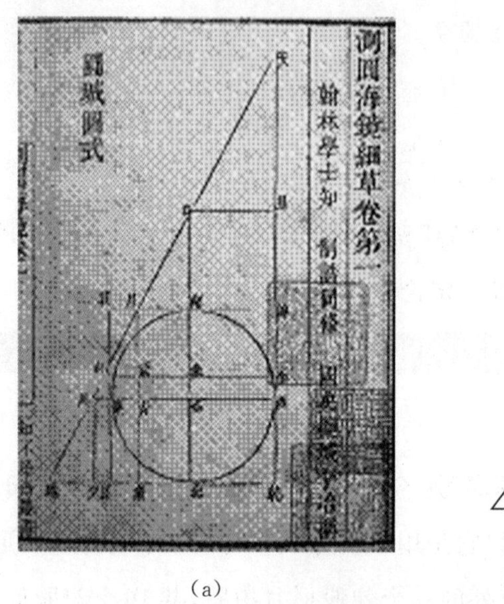

(a)

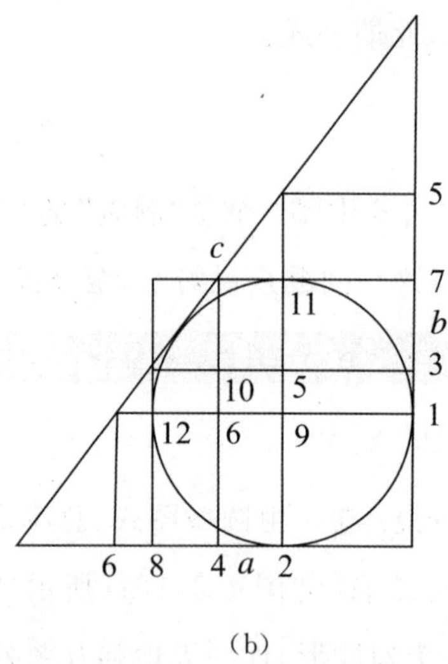

(b)

图 4-3-1　圆城图式

这里提出 10 条命题，是全书大多数问题的求解所必须依据的基本公式。这些基本公式是：

$$\frac{d^2}{2} = b_7 a_8 \tag{4-3-10}$$

$$\frac{d^2}{2} = a_7 b_8 \tag{4-3-11}$$

$$\frac{d^2}{2} = a_{10} b \tag{4-3-12}$$

$$\frac{d^2}{2} = b_{10} a \tag{4-3-13}$$

$$\left(\frac{d}{2}\right)^2 = b_1 b_{12} \tag{4-3-14}$$

$$\left(\frac{d}{2}\right)^2 = a_{11} a_2 \tag{4-3-15}$$

$$d^2 = b_3 a_4 \tag{4-3-16}$$

$$\left(\frac{d}{2}\right)^2 = b_5 a_6 \tag{4-3-17}$$

$$\left(\frac{d}{2}\right)^2 = (c_{11} + b_{11})(c_{12} + a_{12}) \tag{4-3-18}$$

$$\left(\frac{d}{2}\right)^2 = (c_{11} + a_{11})(c_{12} + b_{12}) \tag{4-3-19}$$

诸杂名目中的许多定义和公式在后面的问题中要用到，例如卷三第十二问（将原数字改为阿拉伯数字）：

或问：见边股四百八十步，叀弦三十四步。问答同前。

法曰：叀弦乘边股，半之为实。半叀弦、半边股相并为从。半步隅法，平方得叀股30。

草曰：立天元一为叀股。加叀弦，得$\begin{matrix}1\text{元}\\34\end{matrix}$，为平勾也。又以天元减边股而半之，得$\begin{matrix}-05\text{元}\\240\end{matrix}$，为高股也。平勾、高股相乘，得$\begin{matrix}-05\\223\\8160\end{matrix}$元，为半径幂。寄左。然后以天元乘边股，为同数。与左相消，得下式$\begin{matrix}-05\\-257\\8160\end{matrix}$，开平方，得叀股三十步。以乘边股，开平方，倍之，即圆径也。合问。

这是已知边股$b_1 = 480$，叀弦$c_{12} = 34$，求圆径d。用现代符号表示算草就是：立天元一即x为叀股b_{12}，则平勾

$$a_6 = b_{12} + c_{12} = x + 34$$

又，高股

$$b_5 = \frac{1}{2}(b_1 - x) = \frac{1}{2}(480 - x) = 240 - 0.5x$$

于是由基本公式(4-3-17)，得

$$a_6 b_5 = (x + 34)(-0.5x + 240) = -0.5x^2 + 223x + 8\,160 = \left(\frac{d}{2}\right)^2$$

寄左。然后由基本公式(4-3-14)，得

$$x b_1 = \left(\frac{d}{2}\right)^2$$

将其与左式相消，得到二次开方式（二次方程）

$$-0.5x^2 - 257x + 8\,160 = 0$$

开方得到$x = b_{12} = 30$。最后由基本公式(4-3-14)，得

$$\frac{d}{2} = \sqrt{b_1 b_{12}} = \sqrt{480 \times 30} = 120$$

2. 五和、五较

“五和”就是勾股形的勾、股、弦三事的5种和的关系：勾股和$a+b$，勾弦和$a+c$，股弦和$b+c$，弦较和$c+(b-a)$，弦和和即三事和$a+b+c$；“五较”就是勾股形的勾、股、弦三事的5种差的关系：勾股较$b-a$，勾弦较$c-a$，股弦较$c-b$，弦和较即圆径$(a+b)-c$，弦较较$c-(b-a)$。

“识别杂记”还给出了每一率勾股形的勾、股、弦三事的各种和差与其他勾股形的关系。其中以各率勾股形三事和与通勾股形的关系的12个公式最为重要。这些公式是：

边勾股形：三事和即通弦上股弦和。即 $a_1+b_1+c_1=b+c$

底勾股形：三事和即通弦上勾弦和。即 $a_2+b_2+c_2=a+c$

黄广勾股形：三事和即两大股也。即 $a_3+b_3+c_3=2b$

黄长勾股形：三事和为两大勾。即 $a_4+b_4+c_4=2a$

高勾股形：三事和即大股。即 $a_5+b_5+c_5=b$

平勾股形：三事和即大勾。即 $a_6+b_6+c_6=a$

大差勾股形：三事和即股与股圆差共。即 $a_7+b_7+c_7=b+(c-a)$

小差勾股形：三事和即勾与勾圆差共也。即 $a_8+b_8+c_8=a+(c-b)$

皇极勾股形：三事和即通弦。即 $a_9+b_9+c_9=c$

太虚勾股形：三事和即大黄方。即 $a_{10}+b_{10}+c_{10}=(a+b)-c$

明勾股形：三事和即股圆差。即 $a_{11}+b_{11}+c_{11}=c-a$

叀勾股形：三事和即勾圆差。即 $a_{12}+b_{12}+c_{12}=c-b$

还有一些别的公式。

洞渊九容的公式可以由五和五较公式，特别是各勾股形与通勾股形三事关系的12个公式导出。例如卷二勾上容圆公式便可由边勾股形三事和与通勾股形股弦的关系推出：因为边勾股形与通勾股形相似，故$\dfrac{a_1}{a_1+b_1+c_1}=\dfrac{a}{a+b+c}$，$\dfrac{b_1}{b_1+c_1}=\dfrac{b}{b+c}$。两式两端相乘，借助$a_1+b_1+c_1=b+c$，得到$\dfrac{2a_1b_1}{b_1+c_1}=\dfrac{2ab}{a+b+c}$。由勾股容圆公式便得到勾上容圆公式。

第四节　高次方程数值解法

一、立成释锁法与贾宪三角

（一）立成释锁法

贾宪汲取了刘徽、《孙子算经》等对《九章算术》开创的开方术的改进，在《黄帝九章算经细草》中提出立成释锁法。“释锁”就是开方，将一个数的开方比喻为打开一把锁。“立成”是唐宋历算学家将一些常数列成的算表。因此，立成释锁法就是借助一个常数表进行开方的方法。比如其立成释锁立方法是：

> 立方法曰：置积为实，别置一算名曰下法，于实数之下。自末至首，常超二位，约实。上商置第一位得数。下法之上亦置上商，又乘为平方。命上商，除实，讫。三因平方，一退。亦三因从方面，二退，为廉。下法三退。续商第二位得数。下法之上亦置上商，为隅。以上商数乘廉、隅，命上商，除实，讫。……

求第一位得数时作上商、实、方、廉、下法五行布算，求第二位得数时作上商、实、方、廉、隅、下法六行布算。而在下法之上布置隅之后，下法不再投入运算，实际上仍为五行布算。显然，这种方法是《孙子算经》的开方法的直接发展。在《孙子算经》的开平方术中，商得第二位得数之后，置第二位得数“于方法之下，下法之上，名为廉法”。在这里，在“下法之上亦置上商”，只不过《孙子算经》称之为“廉法”，这里称之为“隅”。在贾宪的立成释锁平方法中，下法之上所置之上商，亦称为“隅”。

（二）贾宪三角

立成释锁法中的“立成”就是贾宪三角。

贾宪三角，原名“开方作法本源”，又称为“释锁求廉本源”。中学数学教科书和许多科普读物将其称为“杨辉三角”，是以讹传讹。《永乐大典》所引杨辉《详解九章算法》中注曰：“出释锁算书，贾宪用此术。”如图 4-4-1(a) 所示。可见是贾宪最先用到它的，应该称为贾宪三角。

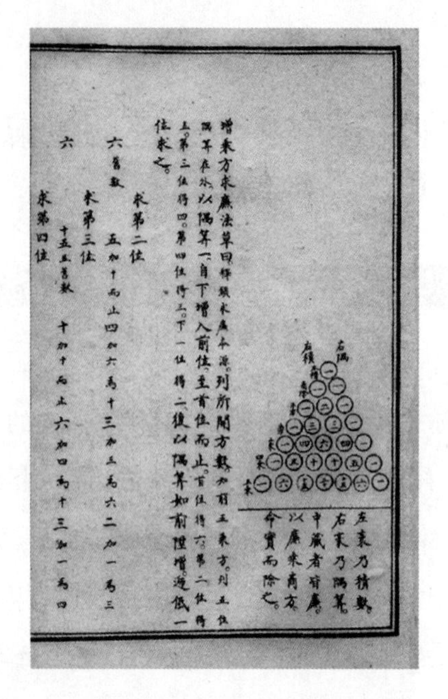

(a)《永乐大典》中的开方作法本源

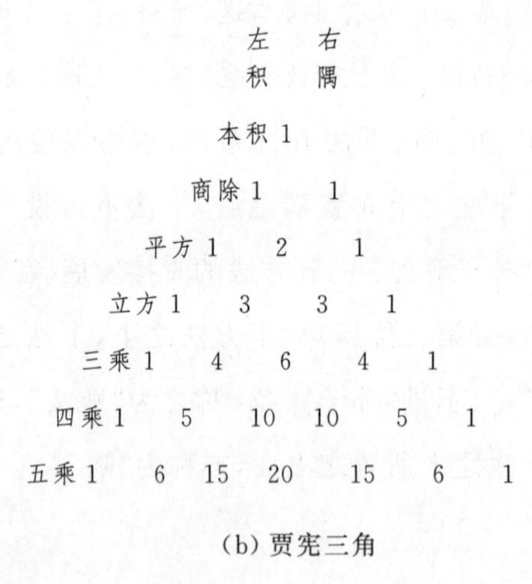

(b) 贾宪三角

图 4-4-1 贾宪三角

所谓贾宪三角，就是将整次幂二项式$(a+b)^n(n=1,2,3,\cdots)$的展开式的系数自上而下摆成的等腰三角形数表。如图 4-4-1(b) 所示。贾宪三角下面有几句话：

左衺乃积数，右衺乃隅算，中藏者皆廉。以廉乘商方，命实而除之。

前三句说明了贾宪三角的结构：最外左右斜线上的数字，分别是二项式$(a+b)^n(n=$

1，2，3，…）展开式中 a^n 和 b^n 的系数，中间的数 2，3、3，4、6、4，… 分别是各廉。后两句说明了各廉在立成释锁法中的作用，分别用于开平方和开立方、开四次方（古代称为三乘方）…… 虽然贾宪只给出了立成释锁平方法、立成释锁立方法的程序，但是，贾宪三角的提出说明他已经能开任意高次方，这是一个重大突破。

贾宪三角之后附有造表法，这是求二项式展开式各廉即贾宪三角各层的普遍方法。以求 $(a+b)^6$（称为五乘方）的展开式各廉即贾宪三角第七层的细草为例说明之。不考虑隅算，则几乘方就列几个 1，那么五乘方列五位（隅算一在外），自隅算起自下而上（因将原文竖排改为横排，此处变成自右向左）递加，递加到 6，为第一位得数。计算第二位得数时，仍自下而上递加，低一位而止，得到 15。如此继续下去，到不能递加为止，即：

⇐ 递加

						隅算
	1	1	1	1	1	1
第一位	**6**	5	4	3	2	1
第二位	6	**15**（止）	10	6	3	1
第三位	6	15	**20**（止）	10	4	1
第四位	6	15	20	**15**（止）	5	1
第五位	6	15	20	15	**6**（止）	**1**

这样得到

1　6　15　20　15　6　1

就是贾宪三角的第七层。显然，只要记住几乘方就在第一行列几个一，并且每次都要“低一位而止”，则求每一位得数的方法都是相同的。

后来朱世杰将贾宪三角扩展到 9 层，并用两组平行的斜线将各廉联结起来，如图 4-4-2 所示，成为解决高阶等差级数求和问题的工具。15 世纪阿拉伯数学家阿尔·卡西，16、17 世纪欧洲许多数学家都得到同样的三角形。西方称为帕斯卡三角。

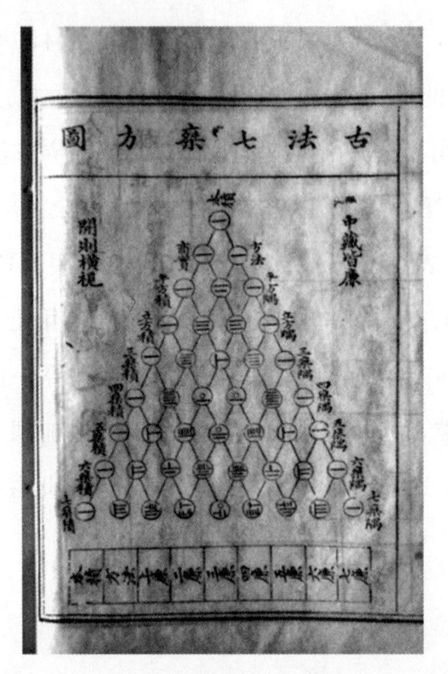

图 4-4-2　古法七乘方图(《四元玉鉴》卷首)

二、增乘开方法

创造增乘开方法是宋元时期开方术的重大进展。

贾宪将求贾宪三角各廉的增乘方法推广到开方术中，创造了增乘开方法，又称为递增某乘开方法，而在朱世杰《四元玉鉴》中又称为“梯法开方法”。今以贾宪的递增三乘开方法为例说明增乘开方法。贾宪给出的方法是：

> 递增三乘开方法曰：置积为实。别置一算，名曰下法。于实末常超三位，约实。上商得数。乘下法，生下廉。乘下廉，生上廉。乘上廉，生立方。命上商，除实。作法商第二位得数。以上商乘下法入下廉。乘下廉入上廉，乘上廉入方。又乘下法入下廉。乘下廉入上廉。又乘下法入下廉。方一、上廉二、下廉三、下法四退。又于上商之次续商置得数。以乘下法入廉。乘下廉入上廉。乘上廉，并为立方。命上商，除实，尽，得三乘方一面之数。

我们以贾宪求$x^4 = 1336336$的正根为例说明其法，算草是：

商							
实	1	3	3	6	3	3	6
方							
上廉							
下廉							
下法							1

商							
实	1	3	3	6	3	3	6
方							
下廉							
上廉							
下法			1				

商					3	
实	5	2	6	3	3	6
方	2	7				
下廉		9				
上廉		3				
下法		1				

商						3	
实		5	2	6	3	3	6
方	1	0	8				
上廉		5	4				
下廉		1	2				
下法			1				

商					3	
实	5	2	6	3	3	6
方	1	0	8			
下廉			5	4		
上廉				1	2	
下法						1

商					3	4
实						
方	1	3	1	5	8	4
下廉			5	8	9	6
上廉				1	2	4
下法						1

它的关键是在求得根的某一位得数后，如果需要继续开方，便以商的该位得数自下而上递乘递加，每低一位而止，以求减根方程。它与使用贾宪三角的系数进行开方异曲同工，而比后者的程序更加整齐，也更具有程序化、机械化，只要做好第一步的布位定位，掌握退位步数，那么对开任何次方都相同，也更容易掌握。目前中学数学教科书的综合除法与此相似。

增乘开方法把中国开方术的研究推进到一个新的阶段。

三、正负开方术

自祖冲之《缀术》失传之后，到11世纪中叶，人们只能解正系数方程。重新突破这一限制的是北宋数学家刘益。他求解了形如$x^2-bx=A$的二次方程(b,A皆为正数)，刘益提出了益积开方术和减从开方术及其细草。

刘益之后一百多年间的数学著作基本失传，开方术的发展状况不清楚。自1247年起到1303年半个多世纪，开方法是秦九韶、李冶、杨辉、朱世杰等的著作的重要内容。这些内容表明，以增乘开方法为主导的求高次方程正根的方法，已经发展到十分完备的境地。

(一) 秦九韶的正负开方术

《数书九章》有32个开方式。其中三次方程1个，四次方程4个，十次方程1个，都是用增乘开方法求其正根。今以田域类“尖田求积”问(图4-4-3)为例说明之。

问有两尖田一段，其尖长不等。两大斜三十九步，两小斜二十五步，中广三十步。欲知其积几何。

术曰：以少广求之，翻法入之。置半广，自乘为半幂，与小斜幂相减、相乘为小率。以半幂与大斜幂相减、相乘为大率。以二率相减，余自乘为实。并二率，倍之为从上廉。以一为益隅。开翻法三乘方，得积。

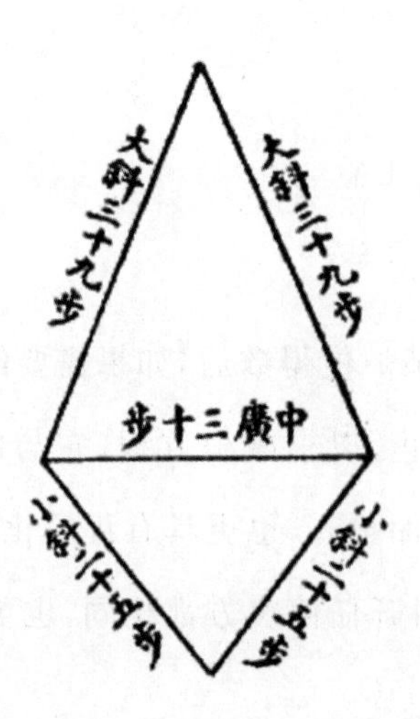

图4-4-3 尖田求积

设中广为$2a$，大斜为c_1，小斜为c_2，则$a^2(c_2^2-a^2)$为小率，$a^2(c_1^2-a^2)$为大率，秦九韶通过根式的有理化，列出以尖田面积x为根的四次方程：

$$-x^4+2[a^2(c_2^2-a^2)+a^2(c_1^2-a^2)]x^2-[a^2(c_1^2-a^2)-a^2(c_2^2-a^2)]=0$$

将中广、大斜、小斜的数值代入，便列出开方式：

$$-x^4+763200x^2-40642560000=0$$

秦九韶给出了“正负开三乘方图”，即筹式细草。原草有21个筹式，我们归约为8个，并将筹式数字改为阿拉伯数字，其序号①，②，… 为笔者所加。

正负开三乘方图

术曰：商常为正，实常为负，从常为正，益常为负。

商
实 —4 0 6 4 2 5 6 0 0 0 0
虚方 0
从上廉 7 6 3 2 0 0
虚下廉 0
益隅 —1

①

商
实 —4 0 6 4 2 5 6 0 0 0 0
虚方 0
从上廉 7 6 3 2 0 0
虚下廉 0
益隅 —1

②上廉超一位，益隅超三位，商数进一位。上廉再超一位，益隅再超三位，商数再进一位。

商 8 0 0
实 3 8 2 0 5 4 4 0 0 0 0
方 9 8 5 6 0 0 0 0
上廉 1 2 3 2 0 0
下廉 —8 0 0
益隅 —1

③上商八百为定。以商生隅，入益下廉；以商生下廉消从上廉；以商生上廉，入方；以商生方，得正积。乃与实相消。以负实消正积，其积乃有余，正实，谓之“换骨”。

商 8 0 0
实 3 8 2 0 5 4 4 0 0 0 0
方 —8 2 6 8 8 0 0 0 0
上廉 —1 1 5 6 8 0 0
下廉 —1 6 0 0
益隅 —1

④一变：以商生隅，入下廉；以商生下廉，入上廉内，相消。以正负上廉相消。以商生上廉，入方内，相消。以正负方相消。

商 8 0 0
实 3 8 2 0 5 4 4 0 0 0 0
方 —8 2 6 8 8 0 0 0 0
上廉 —3 0 7 6 8 0 0
下廉 —2 4 0 0
益隅 —1

⑤二变：以商生隅，入下廉；以商生下廉，入上廉。

商 8 0 0
实 3 8 2 0 5 4 4 0 0 0 0
方 —8 2 6 8 8 0 0 0 0
上廉 —3 0 7 6 8 0 0
下廉 —3 2 0 0
益隅 —1

⑥三变：以商生隅，入下廉。

商	8 0 0
实	3 8 2 0 5 4 4 0 0 0 0
方	−8 2 6 8 8 0 0 0 0
上廉	−3 0 7 6 8 0 0
下廉	−3 2 0 0
益隅	−1

⑦四变：方一退，上廉二退，下廉三退，隅四退。商续置。

商	8 4 0
实	0 0 0 0 0 0 0 0 0 0 0
方	−9 5 5 1 3 6 0 0 0
上廉	−3 2 0 6 4 0 0
下廉	−3 2 4 0
益隅	−1

⑧以方约实，续商置四十，生隅，入下廉内。以商生下廉，入上廉内。以商生上廉，入方内。以续商四十命方法，除实，适尽。所得商数八百四十步为田积。

已上系开三乘方翻法图。后篇效此。

秦九韶说“后篇效此”，说明这是一个普遍方法。显然，它的基本程序和方法是增乘开方法。秦九韶的正负开方术有几个问题值得注意：

第一，秦九韶规定“实常为负”。由于以 -1 乘整个开方式，不改变其解，因此这种规定不影响方法的一般性，但是，可以将随乘随加的运算进行到底，不像贾宪原来的增乘开方法那样，前面都是随乘随加，最后与实相消是用减法。

第二，秦九韶提出“以方约实”的估根方法。在现有资料中这在中国数学史上是第一次。

第三，开方过程中，一般说来，其常数项的绝对值越来越小，甚或变成 0。但是，有时会出现两种特殊情形：一是在开方过程中常数项由负变正，秦九韶称为“换骨”或“翻法”。二是在开方过程中，常数项的符号不变，仍然为负，但是有时其绝对值变得更大。秦九韶称之为“投胎”。对这类特殊情况，秦九韶都提出了处理方法。

第四，关于无理根的近似值，秦九韶的表示法有几种。一种是以 $x \approx a + \dfrac{-a'_n}{a_0 + a'_1 + a'_2 + \cdots + a'_{n-1}}$ 表示其近似值，其中 $a_0, a'_1, a'_2, \cdots, a'_{n-1}$ 和 a'_n 是求出正根的整数部分 a 之后，其减根方程的系数和常数项。另一种是继承刘徽的开方不尽求“微数”的思想，继续开方，以十进小数表示无理根的近似值。

第五，建立开方式时遇到系数是无理数时，进行了有理化处理。

大约与南方的秦九韶同时，北方的李冶，元朱世杰也对开方术有贡献。

(二) 三斜求积与十次方程造术

1. 三斜求积

《数书九章》卷五"三斜求积"问是一个已知三角形的三边求其面积的问题,秦九韶说其面积 S 由开方式

$$S=\sqrt{\frac{1}{4}\left[a^2b^2-\left(\frac{a^2+b^2-c^2}{2}\right)^2\right]} \tag{4-4-1}$$

求出。通过因式分解,式(4-4-1)可以简化为

$$S=\sqrt{\frac{a+b+c}{2}\times\frac{a+b-c}{2}\times\frac{a-b+c}{2}\times\frac{b+c-a}{2}}$$

与古希腊的海伦公式暗合。

2. 十次方程造术

秦九韶《数书九章》卷八"遥度圆城"问[图 4-4-4(a)]给出了 10 次方程,这个问题是:

> 问:有圆城不知周径,四门中开。北外三里有乔木,出南门便折东行九里,乃见木。欲知城周、径各几何。圆用古法。
>
> 术曰:以勾股差率求之。一为从隅。五因北外里,为从七廉。置北里幂,八因,为从五廉。以北里幂为正率,以东行幂为负率;二率差,四因,乘北里为益从三廉。倍负率,乘五廉,为益上廉。以北里乘上廉,为实。开玲珑九乘方,得数。自乘,为径。以三因径,得周。

如图 4-4-4(b)所示,设圆城之心为 O,南门为 C,北门为 D,北外之木为 A,东行见木处为 B,AB 与圆城切于 E。已知 AD,BC,分别记为 k,l。求城径,记为x^2,则术文给出 10 次方程:

$$x^{10}+5kx^8+8k^2x^6-4(l^2-k^2)kx^4-16l^2k^2x^2-16l^2k^3=0 \tag{4-4-2}$$

这是《数书九章》中次数最高的方程。秦九韶在术文开首讲的"以勾股差率求之"给出了解开这个 10 次方程造术之谜的钥匙。

什么是勾股差率呢?我们知道,《九章算术》勾股章在解决户高多于户广问时使用了已知弦与勾股差求勾、股的公式,赵爽、刘徽将其简化。若在赵爽、刘徽的简化式(3-3-1)中令 $c:(b-a)=p:q$,则它就变成

$$a:b:c=\frac{1}{2}(\sqrt{2p^2-q^2}-q):\frac{1}{2}(\sqrt{2p^2-q^2}+q):p \tag{4-4-3}$$

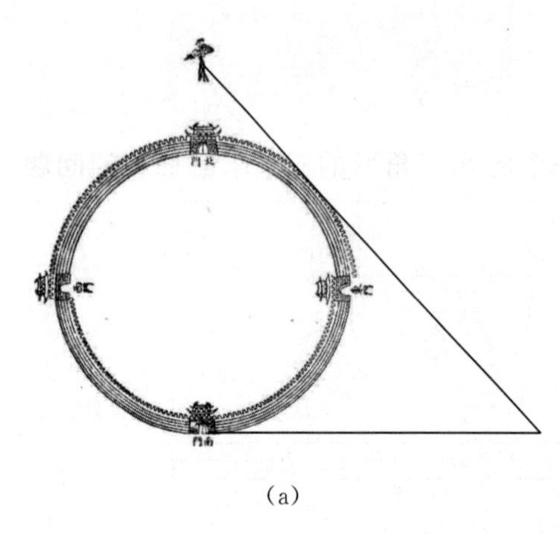

(a)

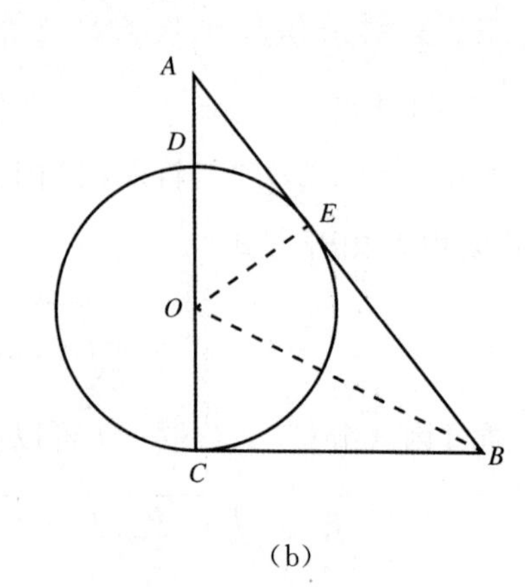

(b)

图 4-4-4　遥度圆城

这就是关于勾股差率的公式。它们是对应于已知弦与勾股差求勾、股的公式的勾股数组的通解公式。式(4-4-2)的推导如下：

由勾股形 ABC 的面积，可以求出弦 $AB=\dfrac{l(x^2+2k)}{x^2}$，勾股差 $AC-BC=x^2+k-l$。因此弦率与勾股差率分别为：$p=l(x^2+2k)$，$q=x^2(x^2+k-l)$。将其代入式(4-4-3)，得：

$$b=\frac{1}{2}\sqrt{2\left[l(x^2+2k)\right]^2-\left[x^2(x^2+k-l)\right]^2}+\frac{1}{2}x^2(x^2+k-l)$$

$$c=l(x^2+2k)$$

而 $\dfrac{AC}{AB}=\dfrac{b}{c}$，于是

$$\frac{x^2+k}{l(x^2+2k)}=\frac{\frac{1}{2}\sqrt{2\left[l(x^2+2k)\right]^2-\left[x^2(x^2+k-l)\right]^2}+\frac{1}{2}x^2(x^2+k-l)}{l(x^2+2k)}$$

$$(x^2+2k)^2(x^2+k)(x^6+kx^4-4kl^2)=0 \tag{4-4-4}$$

消去 x^2+k，使剩下的两个多项式相乘，便得到 10 次方程式(4-4-2)。

第五节　天元术和四元术

宋元时期发展出一种半符号代数学，这就是天元术与四元术。前者是列方程的方法，后者是多元高次方程组解法。

一、天元术

(一) 天元术的发展史

天元术是宋元时期发展起来的设未知数列方程的方法。天元术含有三个步骤，一是立天元一为某某，相当于现今之设未知数某某为 x。二是列出开方式，这就是根据问题的条件，先列出一个天元多项式，寄左；然后再列出一个与“寄左”者等价的天元多项式，作为“同数”；最后，两者如积相消，得到一个开方式，即现今之一元方程。三是开方，即求该一元方程的正根。

由于天元术初创时期的著作全部亡佚，关于天元术的发展史，许多情况仍然扑朔迷离，目前关于天元术发展史的一段经典文字是元祖颐在《四元玉鉴后序》中写的。他说：

> 平阳蒋周撰《益古》，博陆李文一撰《照胆》，鹿泉石信道撰《钤经》，平水刘汝谐撰《如积释锁》，绛人元裕细草之，后人始知有天元也。

这里说的应该是天元术的史前史。所提到的各位作者的生平均不详，著作均不存，而所提到的这些地方都在太行山两侧。元裕应该是天元术的初创者，但是这里没有提到通晓天元术的大数学家李冶。

李冶在《敬斋古今黈》中记载了天元术早期发展的一些情况。根据他的记载和著述，我们将天元术的演变大体勾画如下：早先东平(今山东省)有一部关于建立方程的方法的算经，以仙、明、霄、汉、垒、层、高、上、天、人、地、下、低、减、落、逝、泉、暗、鬼等19个汉字表示未知数的各次幂，正幂在上，负幂在下，而以人为太极，作为常数项。后来人们进行简化，用“天”字记正幂，在上，用“地”字记负幂，在下，其他幂次由与“天”“地”的位置确定。而太原的彭泽彦材受《周易》八卦“乾在下，坤在上，二气相交而为太”思想的影响，改为立天元在下。这样与开方式高次幂在下一致。再后来，人们取消了表示未知数的负幂的地元，只用“天元”，借助于位值制既可以表示未知数的正幂，又可以表示未知数的负幂，还可以表示常数项。开始仍采取正幂在上，负幂在下。元沙克什的《河防通议》(源于13世纪初之前的金都水监本)、李冶的《测圆海镜》都是这样。不久，人们又将其颠倒过来，采取正幂在下，负幂在上的方式，李冶的《益古演段》、王恂和郭守敬的《授时历草》、朱世杰的《算学启蒙》和《四元玉鉴》等都是这样，是天元式的标准表示方式。其演变过程如图 4-5-1 所示。

x^9 仙						
x^8 明	⋮	⋮	⋮	⋮	⋮	⋮
⋮	x^2	x^{-2}	x^2	x^2	x^{-2}	x^{-2}
x 天	x 天	x^{-1} 地	x	x 元	x^{-1}	x^{-1}
A 人	A 太	A 太	A 太 或	A	A 太 或	A
x^{-1} 地	x^{-1} 地	x^1 天	x^{-1}	x^{-1}	x	x 元
⋮	x^{-2}	x^2	x^{-2}	x^{-2}	x^2	x^2
x^{-8} 暗	⋮	⋮	⋮	⋮	⋮	⋮
x^{-9} 鬼						
东平算经	古法	彦材法	《测圆海镜》		《益古演段》	

图 4-5-1　天元式的表示法

《测圆海镜》是现存最早的只使用天元，不再使用地元表示未知数负幂的数学著作。

(二) 天元式的表示

天元式是在未知数的一次项旁标注“元”字，或在常数项旁标注“太”字，未知数的其他幂次由与“元”或“太”的相对位置确定。应当指出，天元式实际上是关于未知数的多项式。自清中叶以来说天元式是开方式(方程)，是以讹传讹。比如《测圆海镜》卷三第5问“草”中的天元式 $\begin{matrix}144\\5184\text{元}\\2488320\end{matrix}$ 表示多项式 $144x^2+5184x+2488320$。《益古演段》第1问中的天元式 $\begin{matrix}1600\text{太}\\80\\025\end{matrix}$ 表示多项式 $0.25x^2+80x+1600$。它们都不是表示方程 $144x^2+5184x+2488320=0$ 及 $0.25x^2+80x+1600=0$。

有时在天元式中不标出“元”字或“太”字。如《益古演段》卷中第39问有一天元式是 $\begin{matrix}3780\\228\\1\end{matrix}$，它表示多项式 $x^2+228x+3780$。在《算学启蒙》中，几乎所有的天元式都不标出“太”或“元”字。如卷下“开方释锁门”第31问：

今有圆锥积三千七十二尺，只云：高为实，立方开之，得数不及下周六十一尺。问：下周及高各几何？

术曰：立天元一为开立方数：$\begin{array}{c}0\\1\end{array}$，再自乘为高也：$\begin{array}{c}0\\0\\0\\1\end{array}$。再列开立方数，加不及，为下周也：$\begin{array}{c}61\\1\end{array}$。自之，又高乘之，为三十六段积：$\begin{array}{r}0\\0\\0\\3721\\122\\1\end{array}$，寄左。列积，三十六乘之。与寄左相消，得开方式：$\begin{array}{r}-110592\\0\\0\\3721\\122\\1\end{array}$。四乘方开之，得三尺，为开立方之数。

前四个天元式都没有标出“太”或“元”，它们依次是多项式 x，x^3，$x+61$，$3721x^3+122x^4+x^5$。第五个是5次方程$x^5+122x^4+3721x^3-110592=0$。

(三) 天元式的运算

在使用天元术推导方程的过程中，必然要进行多项式的四则运算。从《测圆海镜》看，金、元时代的数学家比较熟练地掌握了这些运算。我们以《测圆海镜》卷三第5问为例：

或问乙出南门东行七十二步而止，甲出西门南行四百八十步，望乙与城参相直，问答同前。

这是已知a_{11}，b_1，求直径 d。其草为：

草曰：立天元一为半城径，以减南行步，得$\begin{array}{r}-1\text{元}\\480\end{array}$，为小股。又以天元加乙东行，得$\begin{array}{r}1\text{元}\\72\end{array}$，为小勾。又以天元加南行步，得$\begin{array}{r}1\text{元}\\480\end{array}$，为大股。乃置大股在地，以小勾乘之，得下式：$\begin{array}{r}1\\552\text{元}\\34560\end{array}$。合以小股除之，今不受除，便以为大勾。内寄小股分母。又置天元半径，以分母小股乘之，得$\begin{array}{r}-1\\480\text{元}\end{array}$。以减大勾，得$\begin{array}{r}2\\72\text{元}\\33560\end{array}$，为半个梯底，于上。以乙东行七十二

步为半个梯头，以乘上位，得 $\begin{array}{r}144\\5184\text{元}\\2488320\end{array}$，为半径幂，内寄小股分母。寄左。然后置天元幂，又以分母小股乘之，得 $\begin{array}{r}-1\\480\\0\text{元}\end{array}$，为同数。与寄左相消，得 $\begin{array}{r}1\\-336\\4184\\2488320\end{array}$，以立方开之，得一百二十步。倍之，即城径也。

由此可见，天元式的运算与现今的多项式类似。天元式的加减，是同次幂的系数相加或相减。常数乘天元式是用常数乘天元式的各项系数。在《测圆海镜》中，以天元或天元幂乘天元式是将其中的“元”字（或“太”字）上移相应的层数，相除则下移相应的层数；在《益古演段》《算学启蒙》《四元玉鉴》等著作中则相反。两个天元式相乘，就是用一个天元式的各项分别乘另一个天元式的各项，然后合并同类项。多项式除多项式是不能进行的，李冶称之为“不受除”，便采用寄分母的方法。而在求另一等价天元式时，以该分母乘之。这相当于使两个天元式同分母，将两分子如积相消，得到开方式。这类似于《九章算术》的经分术。

二、四元术

（一）四元术的发展史

四元术是二元、三元或四元的高次方程组的表示、建立与求解方法。天元术出现之后，二元术、三元术、四元术相继出现。祖颐《四元玉鉴后序》对此一发展过程有简要的说明：在产生天元术之后，

> 平阳（今山西临汾）李德载因撰《两仪群英集臻》兼有地元，霍山（今山西临汾）邢先生颂不高第、刘大鉴润夫撰《乾坤括囊》末仅有人元二问。吾友燕山朱汉卿先生演数有年，探三才之赜，索《九章》之隐，按天、地、人、物立成四元，以元气居中。

朱世杰《四元玉鉴》是现存关于天元术、四元术的内容最为丰富的著作。其中立天、地二元者 36 题，立天、地、人三元者 13 题，立天、地、人、物四元者 7 题。卷首列出“四象细草假令之图”，其中“两仪化元”“三才运元”“四象会元”三题提供了二元、三元、四元高次方程组的表示法、建立方程组与四元消法的主要步骤。

（二）四元式的表示

四元式的表示如图 4-5-2 所示。常数项“太”居中，以 x, y, z, w 分别表示天、地、人、物四元，分别位于“太”的下、左、右、上方，其幂次由与“太”的距离确定，距离越

远，幂次越高。各未知数及其幂次的乘积位于相应行列的交叉点上，如图 4-5-3(a) 所示。不相邻的未知数及其幂次之积置于相应的夹缝中。一个筹式相当于现今的一个方程式，二元方程组列出两个筹式，三元方程组列出三个筹式，四元方程组列出四个筹式。这是一种分离系数表示法，对列出高次方程组与消元都很方便。图 4-5-3(a)(b) 分别表示方程

$$xy - x^2y - yz + xyz + x^2 - z^2 = 0$$

$$-xy^2 - y + xyz - x - z = 0$$

“太”左下的夹缝中，前式表示 $-yz$，后式表示 xyz。

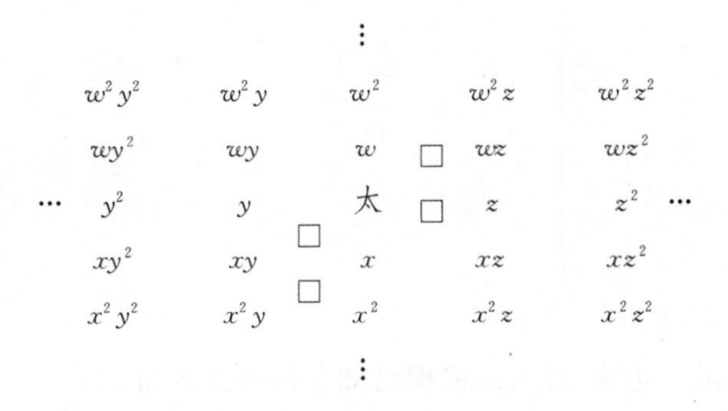

图 4-5-2　四元式的表示

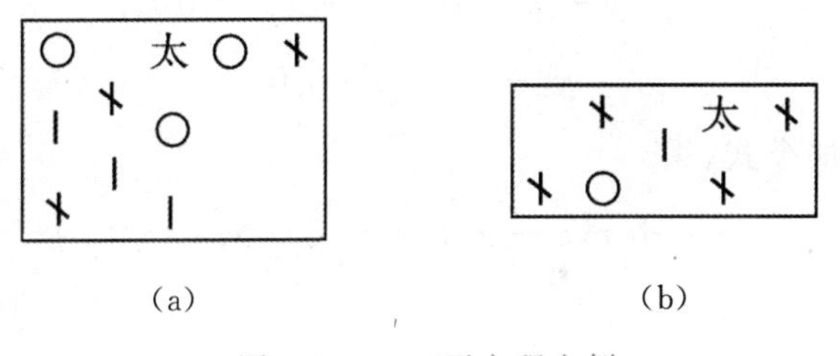

图 4-5-3　三元方程之例

(三) 四元消法

四元术的关键是四元消法。按照“四象细草假令之图”，四元消法大致分为“剔而消之”“互隐通分相消”与“内外行相乘相消”等三步。第一步将三元方程组或四元方程组消为二元高次方程组，称为前式、后式。第二步将二元高次方程组消为关于其中某一元的二元一次方程组，称为左式、右式。第三步将上述二元一次方程组消为一元高次方程。然后以增乘开方法求其正根。“四象细草假令之图”关于第三步的运算过程有所说明，而关于其他两步均略而不载。因而准确理解四元消法成为历来研究四元术的难点。一般认为，清代沈钦裴《四元玉鉴细草》是这一工作典范。

谨以“三才运元”问为例说明之。此问是：

今有股弦较除弦和和与直积等，只云勾弦较除弦较和与勾同。问弦几何。

草曰：立天元一为勾，地元一为股，人元一为弦。三才相配求之，求得今式，求得云式，求得三元之式。以云式剔而消之，二式皆人易天位，前得，后得。互隐通分相消，左得，右得。内二行得，外二行得，内外相消，四约之，得开方式。

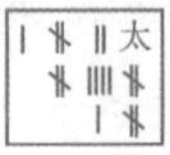

三乘方开之，得弦五步。合问。

这就是，设勾股形的三边为 x,y,z，根据已知条件得方程组

$$-xy^2-y+xyz-x-z=0 \quad \text{（今式）}$$

$$-y+x-x^2-z+xz=0 \quad \text{（云式）}$$

$$y^2+x^2-z^2=0 \quad \text{（三元之式）}$$

以勾 x 乘三元之式加今式，得

$$-y+xyz-x+x^3-z-xz^2=0$$

即

$$(-1+xz)y+(-x+x^3-z-xz^2)=0 \quad \text{（消式）}$$

剔消式左半，以地元除之，再乘云式右半，“寄左”。剔云式左半，以地元除之，乘消式右半。与左相消，即由消式、云式消去 y，得

$$(-1+xz)(x-x^2-z+xz)-(-1)(-x+x^3-z-xz^2)=0$$

即

$$-2x+x^2+x^3-xz+x^2z-x^3z-2xz^2+x^2z^2=0$$

约去 x，“人易天位”，即将上式中 z,x 分别代换为 x,y 得

$$(1-x)y^2+(1+x+x^2)y+(-2-x-2x^2)=0 \quad \text{（前式）}$$

剔三元之式左半，以地元除之，再乘云式右半，“寄左”。剔云式左半，以地元除之，

再乘三元之式右半。与左相消，即由三元之式、云式消去y^2，得

$$y(x-x^2-z+xz)-(-1)(x^2-z^2)=0$$

即

$$(x-x^2-z+xz)y+(x^2-z^2)=0 \quad \text{(消式)}$$

剔消式左半，以地元除之，再乘云式右半，“寄左”。剔云式左半，以地元除之，再乘消式右半。与左相消，即由消式、云式消去 y，得

$$(x-x^2-z+xz)(x-x^2-z+xz)-(-1)(x^2-z^2)=0$$

即

$$2x^2-2x^3+x^4-2xz+4x^2z-2x^3z-2xz^2+x^2z^2=0$$

约去 x，“人易天位”，即将上式中 z，x 分别代换为 x，y，得

$$y^3+(-2-2x)y^2+(2+4x+x^2)y+(-2x-2x^2)=0 \quad \text{(后式)}$$

至此，剔而消之一步完成。三元方程组已经消为二元方程组，即关于 y 的三次方程组：

$$(1-x)y^2+(1+x+x^2)y+(-2-x-2x^2)=0 \quad \text{(前式)}$$

$$y^3+(-2-2x)y^2+(2+4x+x^2)y+(-2x-2x^2)=0 \quad \text{(后式)}$$

前式乘以 y，得

$$(1-x)y^3+(1+x+x^2)y^2+(-2-x-2x^2)y=0$$

剔前式左行，乘后式右三行，“寄左”。剔后式左行，乘前式右二行，与寄左相消，即由前式、后式消去y^3，得

$$(1-x)[(-2-2x)y^2+(2+4x+x^2)y+(-2x-2x^2)]-$$
$$1\times[(1+x+x^2)y^2+(-2-x-2x^2)y]=0$$

即

$$(-3-x+x^2)y^2+(4+3x-x^2-x^3)y+(-2x+2x^3)=0 \quad \text{(消式)}$$

剔消式左行，乘前式右二行，“寄左”。剔前式左行，乘消式右二行，与寄左相消，即由消式、前式消去y^2，得

$$(1-x)[(4+3x-x^2-x^3)y+(-2x+2x^3)]-(-3-x+x^2)y+$$
$$(-2-x-2x^2)]=0$$

即

$$(7+3x-x^2)y+(-6-7x-3x^2+x^3)=0 \quad \text{(左式)}$$

左式乘以 y

$$(7+3x-x^2)y^2+(-6-7x-3x^2+x^3)y=0$$

剔左式左行，乘前式右二行，“寄左”。剔前式左行，乘左式右行，与寄左相消，即由左式、前式消去y^2，得

$$(7+3x-x^2)[(1+x+x^2)y+(-2-x-2x^2)]-$$
$$(1-x)[(-6-7x-3x^2+x^3)y]=0$$

即

$$(13+11x+5x^2-2x^3)y+(-14-13x-15x^2-5x^3+2x^4)=0\text{（右式）}$$

至此，完成了互隐通分相消。关于y的三次方程组已经消为关于y的一次方程组，即

$$(7+3x-x^2)y+(-6-7x-3x^2+x^3)=0\qquad\text{（左式）}$$
$$(13+11x+5x^2-2x^3)y+(-14-13x-15x^2-5x^3+2x^4)=0\text{（右式）}$$

在筹式中，左式与右式并列，$(-6-7x-3x^2+x^3)$，$(13+11x+5x^2-2x^3)$为内二行，$(7+3x-x^2)$，$(-14-13x-15x^2-5x^3+2x^4)$为外二行。由左式，右式消去$y$。内二行得

$$(-6-7x-3x^2+x^3)(13+11x+5x^2-2x^3)$$
$$=-78-157x-146x^2-43x^3+10x^4+11x^5-2x^6\qquad\text{（内二行积）}$$

外二行得

$$(7+3x-x^2)(-14-13x-15x^2-5x^3+2x^4)$$
$$=-98-133x-130x^2-67x^3+14x^4+11x^5-2x^6\qquad\text{（外二行积）}$$

“内外相消，四约之，得开方式”，即(外二行积)－(内二行积)，以4约之，得

$$x^4-6x^3+4x^2+6x-5=0$$

开方，得$x=5$。据人易天位，即$z=5$。

由于平面只有上、下、左、右四个方向，最多只能列出四元，高出四元的方程组便无能为力。同时，互乘对消亦会导致增根与减根问题亦不可避免。

第六节　垛积术、招差术

宋元时期手工业发达，生产大量的坛子、罐子、瓶子等，堆垛成各种多面体的形状。数学家们认识到，不能用《九章算术》的多面体的体积公式求其个数，于是产生并

充分发展了一个新的分支——垛积术，也就是现今的高阶等差级数求和及其反求的算法招差术。这是宋元数学高潮的一个重要方面。

若一个数列，每相邻两项之差不相等，但其相邻两项差的差即二阶差均相等，则称为二阶等差数列；同样，若其二阶差不相等，而其三阶差均相等，则称为三阶等差数列；如此类推。二阶及其以上的等差数列常常称为高阶等差数列。

一、垛积术

（一）沈括的隙积术

垛积术原称隙积术，开创者是北宋科学家沈括。他指出《九章算术》没有求隙积的方法。隙积就是积之有隙者，如将一颗颗棋子、坛、罐等垒起来。如图 4-6-1 所示，虽然有刍童的形状，但因中有空隙，若用《九章算术》的刍童术求积，数值偏小，便提出了隙积术，实际上是一个二阶等差级数求和问题。设隙积的上底宽a_1，长b_1，下底宽a_2，长b_2，高 n 层，且$a_2 - a_1 = b_2 - b_1 = n - 1$，隙积术是：

$$S = a_1 b_1 + (a_1 + 1)(b_1 + 1) + (a_1 + 2)(b_1 + 2) + (a_1 + 3)(b_1 + 3) + \cdots + a_2 b_2$$

$$= \frac{n}{6}[(2a_1 + a_2)b_1 + (a_1 + 2a_2)b_2 + (a_2 - a_1)]$$

显然，刍童状隙积中物件的个数比刍童体积多$\frac{n}{6}(a_2 - a_1)$。但是沈括没有证明。

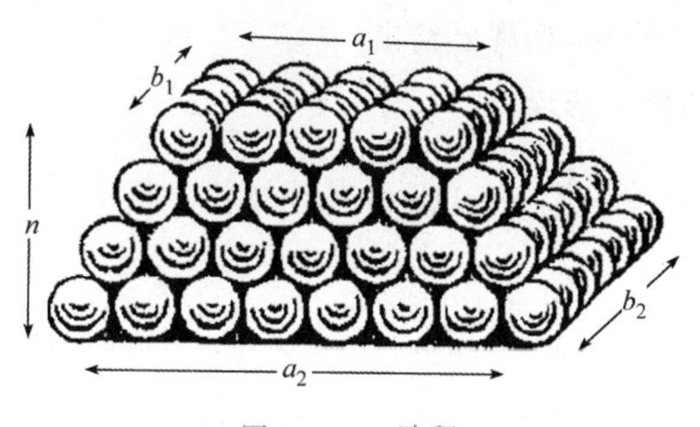

图 4-6-1　隙积

（二）杨辉的垛积术

南宋杨辉《详解九章算法》以各种果子垛比类《九章算术》的立体，称为垛积术。其中刍童形果子垛与沈括的隙积术相同。四隅垛（比类方锥、阳马）的求积公式为

$$S_n = 1^2 + 2^2 + 3^2 + \cdots + n^2 = \frac{1}{3}n(n+1)\left(n + \frac{1}{2}\right)$$

方垛（比类方亭）的求积公式为

$$S_n = a^2 + (a+1)^2 + (a+2)^2 + \cdots + (b-1)^2 + b^2 = \frac{1}{3}n\left(a^2 + b^2 + ab + \frac{b-a}{2}\right)$$

三角垛（比类鳖臑）的求积公式为

$$S_n = 1 + 3 + 6 + 10 + \cdots + \frac{n(n+1)}{2} = \frac{1}{6}n(n+1)(n+2)$$

不难看出，这都是二阶等差级数求和问题。同时，可以看出，在沈括的隙积术中令$a_1 = b_1 = 1$，$a_2 = b_2 = n$，便是杨辉的四隅垛公式；令$a_1 = b_1$，$a_2 = b_2$，便是杨辉的方垛公式；令$a_1 = 1$，$b_1 = 2$，$a_2 = n$，$b_2 = n+1$，便成为两个三角垛之和。除以2，便得到杨辉的三角垛公式。

（三）朱世杰著作中的垛积术

朱世杰的《算学启蒙》《四元玉鉴》反映了宋元时期垛积术研究的最高峰。《四元玉鉴》卷中“茭草形段”“如象招数”和卷下“果垛叠藏”三门33题中，都含有已知高阶等差级数总和求其项数的问题。为了解决这些问题，需要按照各自的求和公式列出一个高次方程来，然后用“正负开方术”求其根。在这些问题中，朱世杰使用了一系列三角垛公式。

茭草垛（或称茭草积）即自然数列的求和公式。

$$S_n = \sum_{r=1}^{n} r = 1 + 2 + 3 + \cdots + n = \frac{1}{2!}n(n+1)$$

三角垛又称为落一形垛，杨辉已给出。

撒星形垛（或三角落一形垛）：

$$\begin{aligned} S_n &= \sum_{r=1}^{n} \frac{1}{3!}r(r+1)(r+2) \\ &= 1 + 4 + 10 + \cdots + \frac{1}{3!}n(n+1)(n+2) \\ &= \frac{1}{4!}n(n+1)(n+2)(n+3) \end{aligned}$$

三角撒星形垛（或撒星更落一形垛）：

$$\begin{aligned} S_n &= \sum_{r=1}^{n} \frac{1}{4!}r(r+1)(r+2)(r+3) \\ &= 1 + 5 + 15 + \cdots + \frac{1}{4!}n(n+1)(n+2)(n+3) \\ &= \frac{1}{5!}n(n+1)(n+2)(n+3)(n+4) \end{aligned}$$

三角撒星更落一形垛：

$$S_n = \sum_{r=1}^{n} \frac{1}{5!} r(r+1)(r+2)(r+3)(r+4)$$

$$= 1 + 6 + 21 + \cdots + \frac{1}{5!} r(r+1)(r+2)(r+3)(r+4)$$

$$= \frac{1}{6!} n(n+1)(n+2)(n+3)(n+4)(n+5)$$

这些公式是在朱世杰的书中引用的，应该是当时数学界的共识。它们似乎没有条理，但是，从它们的后一个被称作前一个的落一形垛，即前一个的前 n 项之和是后一个的第 n 项来看，它们在朱世杰的头脑中是形成了一个完整的体系的。我们再看它们与贾宪三角的关系：上述各级数依次是贾宪三角第 2、3、4、5、6 条斜线上的数字，而其和恰恰是第 3、4、5、6、7 条斜线上的第 n 个数字，这就是朱世杰为什么用两组平行于左、右两斜的平行线将贾宪三角的各个数联结起来。可见，朱世杰和当时的数学界已经掌握了三角垛的一般公式：

$$\sum_{r=1}^{n} \frac{1}{p!} r(r+1)(r+2)\cdots(r+p-1)$$

$$= \frac{1}{(p+1)!} n(n+1)(n+2)\cdots(r+p)$$

显然，当 $p = 1, 2, 3, 4, 5$ 时便是上述三角垛公式。朱世杰还解决了以四角垛之积为一般项的一系列高阶等差级数求和问题，以及岚峰形垛等更复杂的级数求和问题。

二、招差术

郭守敬（1231—1316）、王恂（1235—1281）等元朝天算学家曾用招差术推算日、月的按日经行度数。朱世杰书中也把用招差术解决高阶等差级数求和问题发展到十分完备的程度。《四元玉鉴》“如象招数”门第 5 问附：

> （今有官司）依立方招兵，初招方面三尺，次招方面转多一尺，得数为兵。今招一十五方，…… 问：招兵 …… 几何？
>
> 术曰：求得上差二十七、二差三十七、三差二十四、下差六。求兵者：今招为上积，又今招减一为菱草底子积为二积，又今招减二为三角底子积为三积，又今招减三为三角落一积为下积。以各差乘各积，四位并之，即招兵数也。

设日数为 x，$f(x)$ 为第 x 日共招兵数，则逐日招兵数为 $(2+x)^3$，当 $x = 1, 2, 3, 4\cdots$

时，$f(x)$ 之值及逐级差如下：

日数	每日招兵数			
1	$3^3=27$(上差 Δ)			
		37(二差Δ^2)		
2	$4^3=64$		24(三差Δ^3)	
		61		6(四差Δ^4)
3	$5^3=125$		30	
		91		6
4	$6^3=216$		36	
		127		6
6	$7^3=343$		42	
		…		…

上差 $\Delta=27$，二差$\Delta^2=37$，三差$\Delta^3=24$，四差$\Delta^4=6$。而上积为 n，二积为以 $n-1$ 为底子的茭草垛积 $\sum_{r=1}^{n-1}r=\frac{1}{2!}n(n-1)$，三积为以 $n-2$ 为底子的三角垛积 $\sum_{r=1}^{n-2}r(r+1)=\frac{1}{3!}n(n-1)(n-2)$[应为 $\sum_{r=1}^{n-2}\frac{1}{2!}r(r+1)=\frac{1}{3!}n(n-1)(n-2)$]，下积为以 $n-3$ 为底子的三角落一形垛积 $\sum_{r=1}^{n-3}r(r+1)(r+2)=\frac{1}{4!}n(n-1)(n-2)(n-3)$[应为 $\sum_{r=1}^{n-3}\frac{1}{3!}r(r+1)(r+2)=\frac{1}{4!}n(n-1)(n-2)(n-3)$]。因此，求 $f(n)$ 相当于列出招差公式

$$f(n)=n\Delta+\frac{1}{2!}n(n-1)\Delta^2+\frac{1}{3!}n(n-1)(n-2)\Delta^3+\frac{1}{4!}n(n-1)(n-2)(n-3)\Delta^4$$

这一公式与现代通用形式完全一致。朱世杰指出招差公式的各项系数恰恰依次是各三角垛的积，是他的突出贡献。上式中，$n=15$，则

$$\begin{aligned}f(15)&=15\times27+\frac{1}{2!}15\times14\times37+\frac{1}{3!}15\times14\times13\times24+\frac{1}{4!}15\times14\times13\times12\times6\\&=23400(\text{人})\end{aligned}$$

即 15 日共招兵 23400 人。

第七节　大衍总数术与纵横图

一、大衍总数术

(一) 大衍总数术

秦九韶提出的“大衍总数术”，即今之一次同余方程组解法。《孙子算经》“物不知数”问开其先河。其解法表明它在一定程度上明白了下面这个定理：若$A_i(i=1,2,\cdots,n)$是两两互素的正整数，$R_i<A_i$，R_i也是正整数$(i=1,2,\cdots,n)$，正整数N满足同余方程组$N\equiv R_i(\bmod A_i)$ $(i=1,2,\cdots,n)$。若能找到诸正整数k_i，使

$$k_i\Big(\prod_{j=1}^{n}A_j\div A_i\Big)\equiv 1(\bmod A_i)\quad(i=1,2,\cdots,n)$$

则

$$N\equiv\sum_{i=1}^{n}\Big[R_i k_i\Big(\prod_{j=1}^{n}A_j\div A_i\Big)\Big]\Big(\bmod\prod_{j=1}^{n}A_j\Big)\qquad(4\text{-}7\text{-}1)$$

高斯的《算术研究》(1801年)中明确写出了上述定理。

同余方程解法还来自于历法制定中上元积年的计算。中国古代的历法，要假定远古有一个甲子日，那一年的冬至与十一月的合朔都恰好在这一日的子时初刻。有这么一天的年度叫上元，从上元到制定历法的本年的总年数叫上元积年。已知本年冬至时刻及十一月平朔时刻，求“上元积年”在数学上便是同余方程问题。但是，正如南宋数学家秦九韶指出的：“历家虽用，用而不知。”在中国数学史也是世界数学史上第一次提出一次同余方程组完整解法的是秦九韶。

秦九韶的大衍总数术是：

> 大衍总数术曰：置诸问数：类名有四。一曰元数，二曰收数，三曰通数，四曰复数。
>
> 元数者，先以两两连环求等，约奇弗约偶。或元数俱偶，约毕可存一位见偶。或皆约而犹有类数存，姑置之，俟与其他约遍而后乃与姑置者求等约之。或诸数皆不可尽类，则以诸元数命曰复数，以复数格入之。

收数者，乃命尾位分厘作单零，以进所问之数，定位讫，用元数格入之。或如意立数为母，收进分厘，以从所问，用通数格入之。

通数者，置问数，通分内子，互乘之，皆曰通数。求总等，不约一位，约众位，得各元法数，用元数格入之。或诸母数繁，就分从省通之者，皆不用元，各母仍求总等，存一位，约众位，亦各得元法数，亦用元数格入之。

复数者，问数尾位见十以上者。以诸数求总等，存一位，约众位，始得元数。两两连环求等，约奇弗约偶、复乘偶，或约偶弗约奇、复乘奇，皆续等下用之。或彼此可约而犹有类数存者，又相减以求续等，以续等约彼则必复乘此，乃得定数。所有元数、收数、通数三格，皆有复乘求定之理，悉可入之。求定数，勿使两位见偶，勿使见一太多。见一多，则借用繁；不欲借，则任得一。以定相乘为衍母，以各定约衍母，各得衍数。

诸衍数，各满定母去之，不满曰奇。以奇与定，用大衍求一入之，以求乘率。

大衍求一术云：置奇右上，定居右下，立天元一于左上。先以右上除右下，所得商数与左上一相生，入左下。然后乃以右行上下以少除多，递互除之，所得商数随即递互累乘，归左行上下，须使右上末后奇一而止。乃验左上所得，以为乘率。或奇数已见单一者，便为乘率。

置各乘率，对乘衍数，得泛用。并泛，课衍母，多一者为正用。或泛多衍母倍数者，验元数，奇偶同类者，损其半倍。各为正用数。或定母得一而衍数同衍母者，为无用数。当验元数同类者，而正用至多处借之。以元数两位求等，以等约衍母为借数，以借数损有以益其无，为正用。或数处无者，如意立数为母，约衍母，所得以如意子乘之，均借补之。或欲从省勿借，任之为空可也。然后其余各乘正用，为各总。并总，满衍母去之，不满为所求率数。

秦九韶将上述定理中的诸k_i叫作乘率，诸A_i叫作定数，$\prod_{j=1}^{n} A_j$叫作衍母，$\prod_{j=1}^{n} A_j \div A_i$叫作衍数。而诸$A_i$必须是两两互素的正整数。但是在实际问题中，诸$A_i$不一定互素，甚至不一定是整数。秦九韶针对不同的情况，提出了化约各种不同的元数为定数的程序。由于中国古代没有因数分解的概念，化约过程走了弯路，但毕竟比较成功地解决了这个问题。然而对由两两不互素的元数求定数的方法，由于文字过于简括，数学史界对其意义争论较大。

(二) 大衍求一术

大衍总数术的核心是大衍求一术，即求乘率k_i 的方法，现简介如下。为叙述方便，我们将$\prod_{j=1}^{n} A_j \div A_i$ 记为G，将A_i 记为A，k_i 记为k，大衍求一术变成在A，G互素的情况下求满足 $kG \equiv 1 (\bmod A)$ 的 k 值。秦九韶首先提出，如果$G > A$，若$G \equiv g (\bmod A)$，$0 < g < A$，则 $kg \equiv 1 (\bmod A)$ 与 $kG \equiv 1 (\bmod A)$ 等价，这便是现代同余方程理论中的传递性。因此问题变成了求满足 $kg \equiv 1 (\bmod A)$ 的 k。秦九韶称 g 为奇数。他的大衍求一术是：将 g 置于右上，A 置于右下，左上置天元一。g 与 A 辗转相除，商依次是q_1，q_2，…，余数是r_1，r_2，…，按一定规则在左下、左上计算c_1，c_2，…，直到右上$r_n = 1$ 为止(此时 n 必定是偶数)，则左上的$c_n = q_n c_{n-1} + c_{n-2}$ 便是所求的 k 值。用现代符号表示就是：

天元 1	g		1	g	
	A			$A = gq_1 + r_1$	
	①			②	
1	$g = r_1 q_2 + r_2$		$c_2 = q_2 c_1 + 1$	r_2	q_2
$c_1 = q_1$	r_1	q_1	c_1	$r_1 = r_2 q_3 + r_3$	
	③			④	
c_2	$r_2 = r_3 q_4 + r_4$		$c_4 = q_4 c_3 + c_2$	r_4	q_4
$c_3 = q_3 c_2 + c_1$	r_3	q_3	c_3	$r_3 = r_4 q_5 + r_5$	
	⑤			⑥	
	…			…	
c_{n-2}	$r_{n-2} = r_{n-1} q_n + 1$		$c_n = q_n c_{n-1} + c_{n-2}$	$r_n = 1$	q_n
$c_{n-1} = q_{n-1} c_{n-2} + c_{n-3}$	r_{n-1}	q_{n-1}	c_{n-1}	r_{n-1}	
	⑦			⑧	

这里要计算到右上$r_n = 1$，故称为“求一”。可以证明，这种求乘率 k 的方法是正确的。

求出乘率$k_i (i = 1, 2, 3\cdots, n)$ 之后，由式(4-7-1) 求得答案。

(三) 大衍总数术的应用

秦九韶把大衍总数术不仅用于历法推算，而且用于建筑、行程、粟米交易、库额利息，甚至断案等问题。谨以“余米推数”问为例。

有一米铺投诉被盗去三箩筐米，不知数量。左箩剩 1 合(gě)，中箩剩 14 合，右箩剩 1 合。后捉到盗米贼甲、乙、丙。甲说，当夜他摸得一只马杓，用马杓将左箩的米舀入布袋；乙说，他踢着一只木履，用木履将中箩的米舀入布袋；丙说，他摸得一只漆碗，用漆碗将右箩的米舀入布袋。三人将米拿回家食用，日久不知其数，遂交出作案工具。量得

一马杓容 19 合，一木履 17 合，一漆碗 12 合。问共丢失的米数及三人所盗的米数。这是求同余方程组

$$N \equiv 1 (\mathrm{mod}\ 19) \equiv 14 (\mathrm{mod}\ 17) \equiv 1 (\mathrm{mod}\ 12)$$

的解 N。由于 19、17、12 两两互素，便为定数。衍母为 $19 \times 17 \times 12 = 3876$，衍数依次是 $17 \times 12 = 204$，$19 \times 12 = 228$，$19 \times 17 = 323$。求分别满足

$$k_1 \times 204 \equiv 1 (\mathrm{mod}\ 19)$$

$$k_2 \times 228 \equiv 1 (\mathrm{mod}\ 17)$$

$$k_3 \times 323 \equiv 1 (\mathrm{mod}\ 12)$$

的乘率 k_1, k_2, k_3。由于衍数分别大于定数，便用定数减衍数，得奇数 14，7，11。问题变成求分别满足

$$k_1 \times 14 \equiv 1 (\mathrm{mod}\ 19)$$

$$k_2 \times 7 \equiv 1 (\mathrm{mod}\ 17)$$

$$k_3 \times 11 \equiv 1 (\mathrm{mod}\ 12)$$

的 k_1, k_2, k_3。求 k_1 的程序是：

1　14　　　　　　1　$14 = 5 \times 2 + 4$　$3 = 2 \times 1 + 1$　4　　2

$19 = 14 \times 1 + 5$　1　5　　　　1　　　　1　$5 = 4 \times 1 + 1$

①　　　　　　②　　　　　　③

3　$4 = 1 \times 3 + 1$　　$15 = 3 \times 4 + 3$　1　　3

$4 = 1 \times 3 + 1$　1　　　1　　　　4　1

④　　　　　　⑤

故 $k_1 = 15$。

求 k_2 的程序：

1　7　　　　　　1　$7 = 3 \times 2 + 1$　　$5 = 2 \times 2 + 1$　　1　　2

$17 = 7 \times 2 + 3$　　$2 = 2 \times 1$　3　　2　　　　　2　　3

①　　　　　　②　　　　　　③

故 $k_2 = 5$。

求 k_3 的程序：

1　11　　　　　　1　$11 = 1 \times 10 + 1$　　$11 = 10 \times 1 + 1$　1　10

$12 = 11 \times 1 + 1$　　1　1　　1　　　　　1　1

①　　　　　　②　　　　　　③

故$k_3 = 11$。于是

$$N \equiv [1 \times 15 \times 204 + 14 \times 5 \times 228 + 1 \times 11 \times 323] (\mathrm{mod}\ 3876)$$
$$\equiv 22573 (\mathrm{mod}\ 3876)$$
$$= 3193$$

所以每箩米数 3193 合，甲、丙盗米各为 3192 合，乙盗米 3179 合，共盗米 9563 合。

二、纵横图

(一) 纵横图与河图、洛书

纵横图亦称为幻方。《易纬・乾凿度》云："太乙取其数以行九宫，四正四维皆合于十五。" 郑玄注说：太帝所居的紫宫在中央，八卦神所居的宫在八方。太乙神依据一定的顺序巡行九宫，巡行的次第就形成了九宫数。甄鸾《数术记遗注》描绘说："九宫者，二、四为肩，六、八为足，左三右七，戴九履一，五居中央。" 如图 4-7-1(c) 所示。

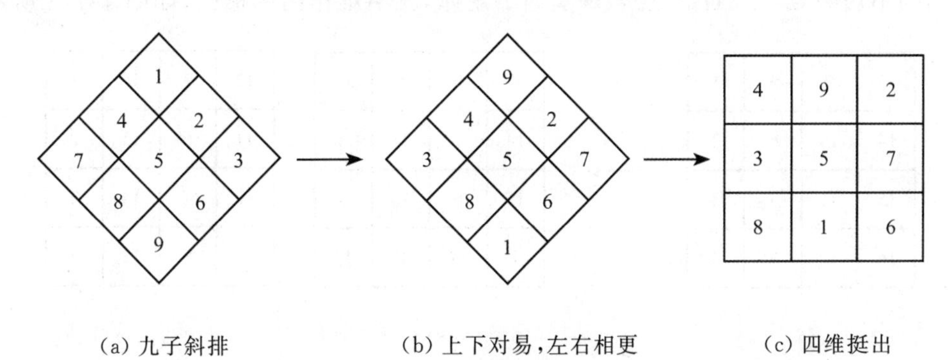

(a) 九子斜排　　(b) 上下对易，左右相更　　(c) 四维挺出

图 4-7-1　三阶纵横图造法

宋儒将九宫数与河图、洛书联系起来。河图、洛书出自《周易・系辞上》。但直到唐朝，学者们都没有说明河图、洛书究竟是什么。宋儒对九宫数是河图还是洛书，也说法不一。南宋杨辉将"九宫数" 称为纵横图，在某种程度上剥去了九宫数的神秘外衣。九宫数就是三阶纵横图。

(二) 杨辉等的三阶、四阶纵横图及其构造法

杨辉等在《续古摘奇算法》卷上记录了大量的纵横图，给出了许多纵横图的构造方法，表明这些图形的构造是有规律可循的。

杨辉等给出了三阶纵横图的构造方法："九子斜排，上下对易，左右相更，四维挺出。" 如图 4-7-1(a)(b) 所示。

三阶纵横图是唯一的，但四阶纵横图却有多种。杨辉"易换术" 曰："以十六子依

次第作四行排列，先以外四角对换 …… 后以内四角对换。”这便是构造四阶纵横图的一种方法(图 4-7-2)。在“总术”中，杨辉给出构造四阶纵横图的一般方法。第一步是“求积”，即求出每行或每列的数字之和应为多少，杨辉把前 16 个自然数当作一个等差数列，用求和公式(2-4-9)求得 $S=136$，进而求得每行之数 34。第二步是求等，即设法使每行、每列的数字之和等于 34。

求等术曰：以子数分两行

一　二　三　四　五　六　七　八

十六　十五　十四　十三　十二　十一　十　九

而二子皆等(十七)。又分为四行，而横行先等三十四，乃不易之术。却以此编排直行之数，使皆如元求一行之积三十四而止。

依此术，杨辉构造数字方阵如图 4-7-2 所示，然后再“编排直行之数”。杨辉说：“绳墨既定，则不患数之不及也。”意思是掌握了规律，就不难作出纵横图，如图 4-7-3 所示。

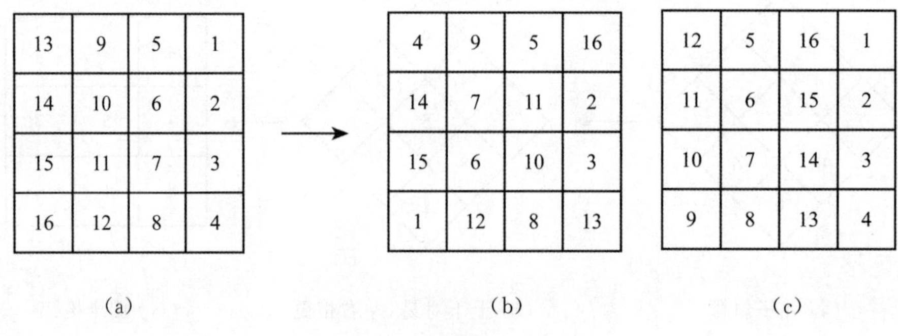

(a)

13	9	5	1
14	10	6	2
15	11	7	3
16	12	8	4

(b)

4	9	5	16
14	7	11	2
15	6	10	3
1	12	8	13

(c)

12	5	16	1
11	6	15	2
10	7	14	3
9	8	13	4

图 4-7-2　杨辉的数字方阵

8	11	14	1
13	2	7	12
3	16	9	6
10	5	4	15

图 4-7-3　四阶纵横图

(三) 杨辉等的五阶及其以上纵横图

对五阶及其以上的纵横图，杨辉只画出图形而未留下作法。但他所画的五阶至十阶纵横图全都准确无误，可见他已掌握了高阶纵横图的构成规律。对于 n 阶纵横图，他总结出求幻方和及幻和的公式。“并上下数，以高数乘之，折半”得幻方和，杨辉称为

“共积”或“总积”。其中上数为1，下数与高为n^2，所以该公式可表示为$\frac{1}{2}n^2(n^2+1)$。把幻方和“以行数除之”，得幻和，即$\frac{1}{2}n(n^2+1)$，杨辉称为“纵横”。

杨辉的“五五图”(图4-7-4)即五阶纵横图，每行、每列及每条对角线上的数字和均为65。它可能是用镶边法构成的，用这种方法可以由小到大获得任意阶纵横图。

1	23	16	4	21
15	14	7	18	11
24	17	13	9	2
20	8	19	12	6
5	3	10	22	25

图4-7-4　五五图

若在五阶纵横图外镶一边，可得七阶纵横图；再镶一边，可得九阶纵横图。类似地，可用镶边法由四阶纵横图依次得到六阶纵横图、八阶纵横图和十阶纵横图。这种镶边不是唯一的，所以杨辉的五阶纵横图、六阶纵横图、七阶纵横图和八阶纵横图分别有两例。他把第二例称为阴图，可见第一例为阳，阴、阳二图是众多纵横图的代表。

五五图的阴图(图4-7-5)并非传统意义的纵横图，因为其各行各列的和不唯一，而是有两个(105,107)。

12	27	33	23	10
28	18	13	26	20
11	25	21	19	31
22	16	29	24	14
32	19	9	15	30

图4-7-5　五五图阴图

杨辉的“六六图”(图4-7-6)及其“阴图”(图4-7-7)为六阶纵横图，“纵横一百一十一，共积六百六十六。”

13	22	18	27	11	20
31	4	36	9	29	2
12	21	14	23	16	25
30	3	5	32	34	7
17	26	10	19	15	24
8	35	28	1	6	33

图 4-7-6　六六图

4	13	36	27	29	2
22	31	18	9	11	20
3	21	23	32	25	7
30	12	5	14	16	34
17	26	19	28	6	15
35	8	10	1	24	33

图 4-7-7　六六图阴图

杨辉的“衍数图”(图 4-7-8) 及其“阴图”(图 4-7-9) 为七阶纵横图,“纵横一百七十五,共积一千二百二十五。”此图的命名源于《周易・系辞》:“大衍之数五十,其用四十有九。”而七阶纵横图恰有四十九数。

46	8	16	20	29	7	49
3	40	35	36	18	41	2
44	12	33	23	19	38	6
28	26	11	25	39	24	22
5	37	31	27	17	13	45
48	9	15	14	32	10	47
1	43	34	30	21	42	4

图 4-7-8　衍数图

4	43	40	49	16	21	2
44	8	33	9	36	15	30
38	19	26	11	27	22	32
3	13	5	25	45	37	47
18	28	23	39	24	31	12
20	35	14	41	17	42	6
48	29	34	1	10	7	46

图 4-7-9　衍数图阴图

杨辉的“易数图”(图 4-7-10) 及其“阴图”(图 4-7-11) 为八阶纵横图,“纵横二百六十,共积二千八十。”“易数”一词同样取自《周易》,因为《周易》中有八八六十四卦,故称六十四为“易数”。

61	4	3	62	2	63	64	1
52	13	14	51	15	50	49	16
45	20	19	46	18	47	48	17
36	29	30	35	31	34	33	32
5	60	59	6	58	7	8	57
12	53	54	11	55	10	9	56
21	44	43	22	42	23	24	41
28	37	38	27	39	26	25	40

图 4-7-10　易数图

61	3	2	64	57	7	6	60
12	54	55	9	16	50	51	13
20	46	47	17	24	42	43	21
37	27	26	40	33	31	30	36
29	35	34	32	25	39	38	28
44	22	23	41	48	18	19	45
52	14	15	49	56	10	11	53
5	59	58	8	1	63	62	4

图 4-7-11　易数图阴图

杨辉的“九九图”(图 4-7-12) 为九阶纵横图,“纵横三百六十九,共积三千三百二十一。”“百子图”(图 4-7-13) 为十阶纵横图,“纵横五百五,共积五千五十。”

31	76	13	36	81	18	29	74	11
22	40	58	27	45	63	20	38	56
67	4	49	72	9	54	65	2	47
30	75	12	32	77	14	34	79	16
21	39	57	23	41	59	25	43	61
66	3	48	68	5	50	70	7	52
35	80	17	28	73	10	33	78	15
26	44	62	19	37	55	24	42	60
71	8	53	64	1	46	69	6	51

图 4-7-12　九九图

1	20	21	40	41	60	61	80	81	100
99	82	79	62	59	42	39	22	19	2
3	18	23	38	43	58	63	78	83	98
97	84	77	64	57	44	37	24	17	4
5	16	25	36	45	56	65	76	85	96
95	86	75	66	55	46	35	26	15	6
14	7	34	27	54	47	74	67	94	87
88	93	68	73	48	53	28	33	8	13
12	9	32	29	52	49	72	69	92	89
91	90	71	70	51	50	31	30	11	10

图 4-7-13　百子图

值得注意的是,杨辉之前,纵横图都是方形的。但杨辉等在百子图之后,给出各种形状的纵横图,从而开辟了纵横图研究的新领域。聚五图(图 4-7-14)“二十一子作二十五子用”,每五子的和为 65,实际是五阶纵横图。聚六图(图 4-7-15)“六子回环各一百一十一”。聚八图(图 4-7-16)“二十四子作三十二子用”,每个圆圈上的数字和为 100。攒九图(图 4-7-17)“斜直周围各一百四十七”,即每条直径(外圆) 上的数字和为 147。实际上,攒九图的每个同心圆的数字和都相等,为 138。八阵图(图 4-7-18)“八八六十四子,总积二千八十,以八子为一队,纵横二百六十。” 连环图(图 4-7-19)“七十二子总积二千六百二十八,以八子为一队,纵横各二百九十二。”

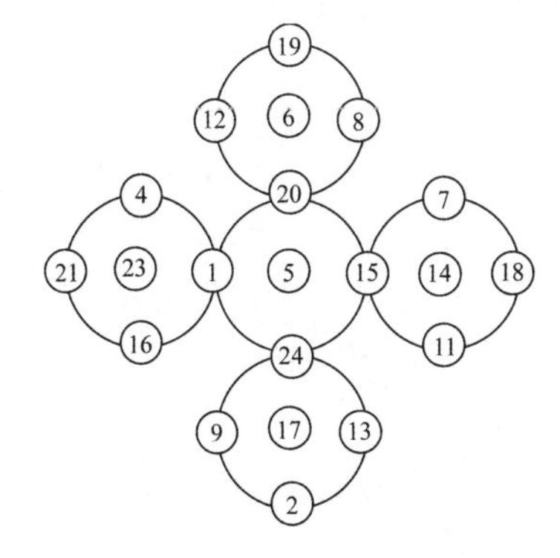

图 4-7-14　聚五图

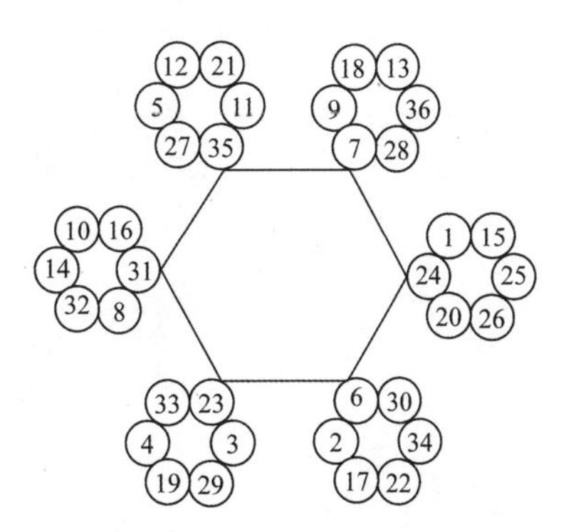

图 4-7-15　聚六图

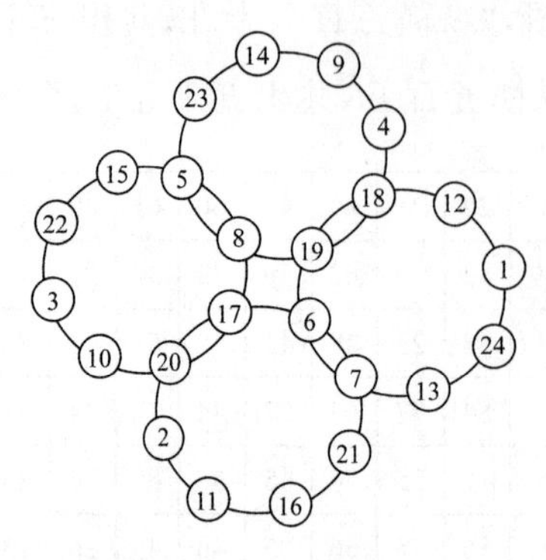

图 4-7-16 聚八图

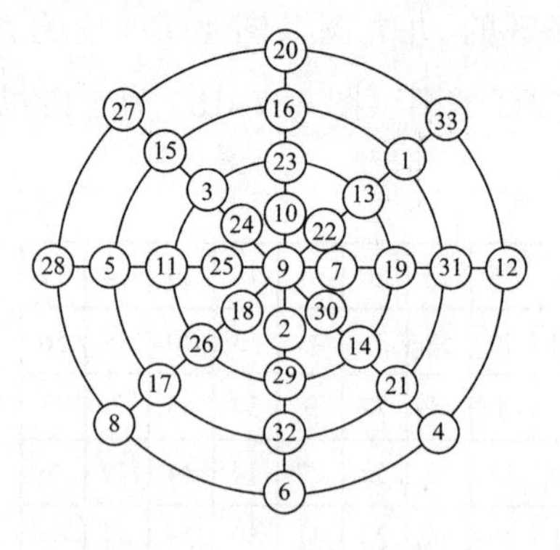

图 4-7-17 攒九图

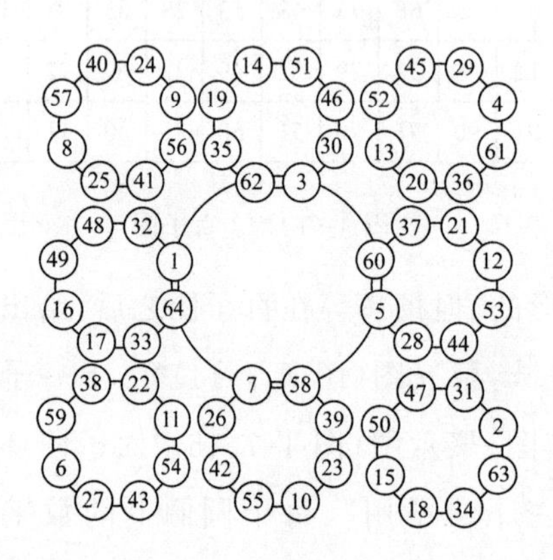

图 4-7-18 八阵图

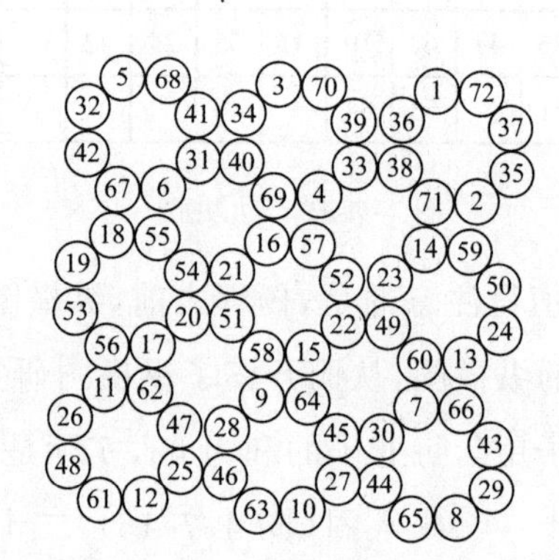

图 4-7-19 连环图

余　绪

1303 年朱世杰的《四元玉鉴》出版之后，中国数学的研究方向发生了重大转变。从元中叶到明末的 300 余年间，从事数学工作的人相当多，产生的数学著作也不比前代少，在某种意义上说数学活动相当活跃。

但是数学家们的兴趣大都在为大众百姓提供实用的数学知识和方法上，数学歌诀和难题杂法等非常流行。最迟在南宋产生的珠算逐步普及，从市井流传到知识界，不仅筹算方法和口诀移植到珠算中，而且创造了珠算开方法，到 16 世纪后期，用珠算几乎可以完成筹算的所有运算。筹算最终退出了数学舞台，明末的数学家甚至"握算不知纵横"，对算筹已经相当陌生了。珠算逐渐进入了数学著作。元代至明初的数学著作还不见珠算的痕迹，到明中叶吴敬的《九章算法比类大全》(1450 年)、王文素的《算学宝鉴》(1524 年) 等已经是筹算与珠算并用的著作。而自 16 世纪后期起，如徐心鲁的《盘珠算法》(1573 年)、柯尚迁的《数学通轨》(1578 年)、程大位的《算法统宗》(1592 年)、《算法纂要》(1598 年)、黄龙吟的《算法指南》(1604 年)，等等，都完全是珠算著作。《算法统宗》问世后非常受欢迎，远及朝鲜、日本、越南等国。它不断被翻印、改编，甚至在程大位在世时就出现盗版，是中国古代刻印次数最多，印刷量最大的数学著作，在普及珠算方法上发挥了极大的作用。

明代还有一些数学家，如顾应祥、唐顺之、周述学等，仍在关注理论数学的研究，写了某些专题性著作。例如，顾应祥的《勾股算术》(1533 年)专门研究勾股问题，《测圆海镜分类释术》(1550 年)专门研究勾股容圆问题，《弧矢算术》(1552 年)专论弧矢形的弧、矢、弦、背、积相求问题。唐顺之的几篇短文也都是各论一个问题。朱载堉的《算学新说》(1584 年成书，1603 年出版)和《嘉量算经》致力于用数学方法解决乐律问题。周述学的《神道大编历宗算会》(1558 年)基本上也属于这一类。但是，这几位明代水平最高的数学家都不懂宋元数学的增乘开方法、天元术、四元术等几项重大创造，对一次同余方程组解法和垛积术，有的数学家虽有涉猎，却远没有达到秦九韶、朱世杰的高度。顾应祥看到李冶《测圆海镜》用天元术列方程的方法，"漫无下手之处"。他买椟还珠，在《测圆海镜分类释术》中将天元术全部删除，甚至讥讽李冶"金针不度"。

同时，明代理论数学落后的一个重要侧面是汉唐宋元经典数学著作的失传。《永乐大典》将当时能找到的汉唐宋元算书分类抄入，除《测圆海镜》《四元玉鉴》等著作外，大都有著录，应该说是相当可观的。但是皇宫所藏这些数学经典在由南京迁都北京时大都散佚。汉唐宋元算书，除归入天文类的《周髀算经》、被视为术数著作的《数术记遗》外，在明代全然没有新的刻本问世。明代与《九章算术》有关的著述不少，但包括吴敬、王文素等在内的大数学家在内，都没有见过传本《九章算术》，只是从杨辉的《详解九章算法》中了解《九章算术》的一些题目，还常常张冠李戴。到明末民间所藏《九章算术》只有半部孤本，《海岛算经》《五经算术》不见踪影，十部算经的其他算经也只有孤本，藏于藏书家手中。

正当中国明代数学衰微的时候，西方却经历着文艺复兴，发达的古希腊数学被重新发掘出来，同时引进东方的数学方法，创造了若干新的数学分支和方法。西方数学明显超过了中国。西方初等数学在明末一传入中国，先进的数学家便开始了研究，从此中国数学迈入中西数学融会贯通的时期，开始了融入世界统一的数学的艰难历程。明末至清末的中国数学大体可以分成三个阶段：

第一个阶段自明末至清雍正元年(1723 年)。明末传教士利玛窦等来华，与徐光启合作翻译《几何原本》(前 6 卷，1608 年)等西方数学著作。此后初等几何学，以及三角学、对数等西方初等数学逐步传入中国，明末徐光启、李志藻、清初王锡阐、梅文鼎等数学家接受消化西方数学，并有许多创造。康熙帝重视数学，他下诏组织梅瑴成等数学家总结传入的西算知识，编纂《数理精蕴》53 卷，对后世影响极大。

第二个阶段自雍正元年赶走传教士至 19 世纪 40 年代，西方数学停止传入。数学家们继续研究前此传入的西算，以明安图、董祐诚、项名达等对三角函数的幂级数展开式的研究，徐有壬、戴煦、李善兰等对对数函数、指数函数展开式的研究贡献最大。李善兰的"尖锥求积术"在接触西方的微积分学之前独立提出了几个与定积分相当的求积公式。而更多的数学家则着力于古典数学著作的寻求、整理与研究。乾隆三十八年(1773 年)戴震在《四库全书》馆从《永乐大典》中辑录出《九章算术》等 7 部汉唐算经，并加校勘，收入《四库全书》和《武英殿聚珍版丛书》。戴震随即又整理汉唐十部算经，刻入微波榭本《算经十书》，并多次刊刻，对后世影响极大。此后，人们又陆续寻求到《数书九章》《测圆海镜》《益古演段》《算学启蒙》《四元玉鉴》等宋元数学著作，并开展研究，一直延续到清末。其中汪莱、李锐等对方程论的研究有许多创新。

1840 年的鸦片战争，帝国主义用坚船利炮轰开闭关锁国的清帝国的大门，自

19 世纪 50 年代起西方数学第二次传入，直到清末，这是第三个阶段。李善兰与传教士伟烈亚力翻译了罗密士的《代微积拾级》18 卷，是为微积分学传入中国之始。他们还翻译了《几何原本》后 9 卷、棣么甘的《代数学》13 卷，李善兰与艾约瑟还翻译了《圆锥曲线说》3 卷，华蘅芳与传教士傅兰雅翻译了《代数术》25 卷、《微积溯源》8 卷、《三角数理》12 卷、《代数难题解法》16 卷、《决疑数学》10 卷、《合数术》11 卷，其中《决疑数学》是为西方概率论传入中国之始。这一次数学知识传入的规模之大，内容之高深，学科之多，都远远超过第一次传入。李善兰、夏鸾翔、华蘅芳等数学家都开展了对这些内容的研究，取得了某些新的成果。

清朝后期统治集团中的开明人士倡导洋务运动，将数学知识看成富国强兵，抵御外侮的有力工具。他们设立同文馆，在其中开设算学馆，其他洋务学校也设立了算学科，这些翻译的著作和某些中国古典数学内容成为教材。20 世纪初，废科举，颁行癸卯学制（1903 年）之后，中国古典数学中断，中国数学走上了融入世界统一的数学的进程。

有清一代，官方对数学教育之重视，知识分子对数学认识之高，数学家对数学研究之执着，出版数学著作之多，涉及的数学分支之广泛，远远超过历代任何一个王朝。数学成果和数学水平也已经远远超过宋元数学。但是与世界数学先进水平比较，差距却越来越大。明末清初，中国数学家开始接受西方的三角函数与对数知识的时候，这个差距仅几十年，到 19 世纪 50 年代微积分学被介绍到中国的时候，差距已达一百多年。不过，包括微积分在内的数学知识在有清一代广泛的传播，人们对数学认识的提高，为中国数学在 20 世纪完成融入世界统一的数学的过程，准备了并不贫瘠的土壤。20 世纪新文化运动之后中国现代数学正是在此数学土壤上发展起来的。